Couverture : g Radio chirurgie - © James Steidl / Fotolia ; centre ht Neurone - © David Mc. Carthy / COSMOS ; centre g Cellules ciliées - © VVG / S.P.L./ COSMOS ; centre d Scans de cerveau - © Simon Fraser / S.P.L. /COSMOS ; d Synapses, connection - © Andrea Danti / Fotolia
Page 1 : Photographie au microscope électronique de neurones du cortex cérébral humain.
Page 3 : Astrocyte.
Pages 4-5 : Coupe de nerf au microcope électronique.

PETITE ENCYCLOPÉDIE
LAROUSSE

Direction éditoriale
Mathilde Majorel
et Thierry Olivaux

Avec le concours de
Dulce Gamonal

Conception graphique et couverture
Jean-Yves Grall

Mise en page
Jean-Yves Grall

Illustrations
Recherche iconographique
Frédéric Mazuy
Archives Larousse
Marie Vorobieff

Relecture et correction
Annick Valade assistée
de Madeleine Biaujeaud

Fabrication
Martine Toudert

Index
Dulce Gamonal

Photogravure
Nord Compo

Remerciements
à Marie-Lise Cuq
et Michel Durand

ISBN : 978-2-03-585483-4
Dépôt légal : juin 2010

Anne Debroise

Les mystères du cerveau

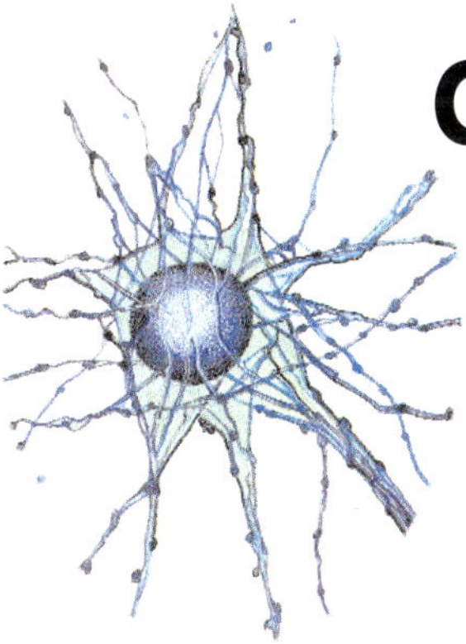

Connaître et soigner

PETITE ENCYCLOPÉDIE
LAROUSSE

Sommaire

Un système centralisé

Les fonctions les plus évoluées du système nerveux sont concentrées dans la boîte crânienne et dans la colonne vertébrale : c'est le système nerveux central.

Le centre décisionnel

Si le système périphérique capte puis véhicule l'information nerveuse, les décisions, elles, sont prises au niveau du système nerveux central. Celui-ci est constitué de la moelle épinière, du tronc cérébral et de l'encéphale lui-même.

Sur une section de moelle épinière apparaissent la matière grise (colorée ici, pour les besoins de l'expérience, en orange) et la matière blanche (ici en jaune).

La moelle épinière est un long cordon blanc (mesurant environ 45 cm) logé à l'intérieur de la colonne vertébrale. Entre les vertèbres, elle laisse échapper 31 paires de nerfs (dits « rachidiens ») qui innervent tout l'organisme : les muscles, les organes internes, les cellules sensorielles de la peau, etc. En cas de section de la moelle épinière lors d'un accident, la zone où la moelle épinière a été touchée délimite la paralysie qui s'ensuit : plus la lésion est haute, plus la paralysie gagne le haut du corps. Au-dessus de la moelle épinière se trouve l'encéphale, qui comprend le cerveau, le cervelet et le tronc cérébral. Ce dernier est une structure de transition entre le cerveau et la moelle épinière. C'est du tronc cérébral que partent les nerfs crâniens, qui contrôlent les muscles de la face ou y perçoivent des sensations. Le cervelet, situé en arrière du tronc et sous le cerveau, gère et coordonne les mouvements et l'équilibre. Enfin, au sommet du système nerveux central se trouve le cerveau, siège des fonctions primitives (respiration, battements du cœur, régulation de la température…) et évoluées (pensée, émotions, décisions, etc.).

Matière grise

Observons maintenant une coupe de cerveau. On y décèle une juxtaposition de zones grises et de zones blanches. La substance grise se répartit en périphérie, où elle forme le cortex cérébral, et en profondeur,

LEXIQUE

[Système nerveux] Ensemble d'organes et de structures impliqués dans la réception sensitive et sensorielle, la commande motrice, la coordination des organes et des fonctions du corps et la vie psychique.

[Système nerveux central] Partie du système nerveux comprenant l'encéphale et la moelle épinière.

[Système nerveux périphérique] Partie du système nerveux comprenant les nerfs issus du tronc cérébral ou de la moelle épinière.

nommée « cervelet », et le tronc cérébral qui fait la jonction entre le cerveau et la moelle épinière).
Le système nerveux périphérique comprend tous les nerfs qui sont issus du tronc cérébral et ceux issus de la moelle épinière. Les premiers, appelés « nerfs crâniens », innervent la face. Les seconds, appelés « nerfs rachidiens », se projettent vers le corps tout entier.

Les réflexes

La majeure partie de l'information nerveuse est traitée par le cerveau. Sauf en cas de danger. Il suffit que le signal (de brûlure par exemple) atteigne certains corps cellulaires dans la moelle épinière pour qu'un signal ordonnant le retrait de la main soit aussitôt émis. C'est un réflexe.

Des systèmes imbriqués

Si, géographiquement parlant, le système nerveux se subdivise en système central et système périphérique, il existe une autre subdivision, plus fonctionnelle. Une partie du système nerveux se consacre en effet à la commande volontaire des muscles et à la réception des signaux venus des cellules sensitives (par exemple les cellules du toucher sur la peau). Il s'agit du système nerveux somatique. Une autre partie du système nerveux est impliquée dans la régulation des fonctions vitales internes, comme la digestion, la respiration, la production d'hormones, etc. Il s'agit du système nerveux végétatif. Cette régulation, involontaire et inconsciente, est effectuée grâce à une concurrence constante entre deux subdivisions du système végétatif : le système sympathique – un ensemble de nerfs « excitateurs » qui préparent l'organisme à l'activité physique et intellectuelle – et le système parasympathique – dont le rôle, complémentaire, consiste à maîtriser cette activité.

Le système nerveux

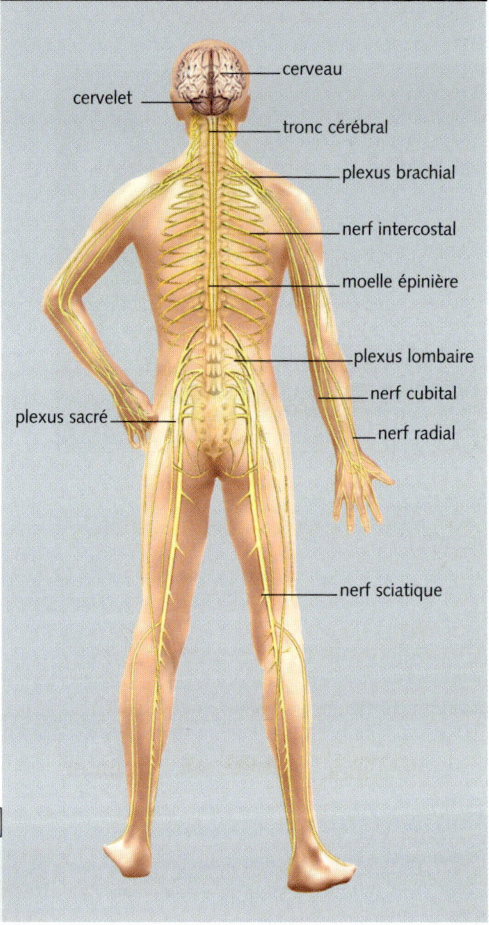

Le cerveau est la tour de contrôle de tout le système nerveux. Situé à son sommet, il est relié à l'ensemble du corps par les nerfs, via la moelle épinière.

Un ensemble très organisé

Dans le corps humain, le système nerveux assure la maintenance de tout l'organisme et la communication avec l'extérieur. Ces tâches essentielles nécessitent une grande spécialisation.

Pleins pouvoirs

Le système nerveux est un système essentiel : il assure non seulement le bon fonctionnement de l'ensemble du corps, mais il est également capable de communiquer avec le monde extérieur. Cette capacité à communiquer définit l'organisme humain comme à la fois distinct de son environnement et intégré à lui.

Le système nerveux perçoit les stimulations, qu'elles viennent de l'extérieur ou de l'intérieur du corps. Il transforme ces stimulations en un signal nerveux qui est conduit le long des nerfs jusqu'à un centre de traitement (le cerveau). Les différents signaux y sont alors intégrés afin de fournir une réponse qui est transmise aux organes « effecteurs » (organes qui se mettent en action suite à un signal déclencheur) : poumons, cœur, glandes, muscles, etc.

LEXIQUE

[Nerf]
Cordon blanchâtre composé de fibres nerveuses, conduisant différents messages depuis le système nerveux central vers les organes, et inversement.

[Innerver]
Se distribuer à un organe, à une région du corps, en parlant d'un nerf.

Un réseau de nerfs

Un nerf est constitué d'un ensemble de prolongements de neurones, ces cellules en forme de pieuvres caractéristiques du système nerveux. C'est dans ces prolongements que voyage l'influx nerveux.

Chaque prolongement, entouré ou non par une gaine de myéline dont le rôle est d'accélérer la transmission des signaux, constitue une fibre nerveuse. Les fibres nerveuses sont réunies ensemble par une gaine « conjonctive », c'est-à-dire formée de cellules baignant dans une matière de soutien, riche en collagène. C'est la réunion de ces faisceaux de fibres nerveuses qui forme le nerf proprement dit.

Les neurones isolés et les nerfs constituent un réseau hiérarchisé au sein duquel on distingue le système nerveux central et le système nerveux périphérique.

Le système nerveux central comprend la moelle épinière et l'encéphale (le cerveau, une structure à sa base

Le cerveau est le siège de la réflexion, de la décision, du langage. Mais il contrôle également de nombreuses fonctions basiques : la faim, les sensations, le plaisir, la digestion, etc.

Un organe très spécial

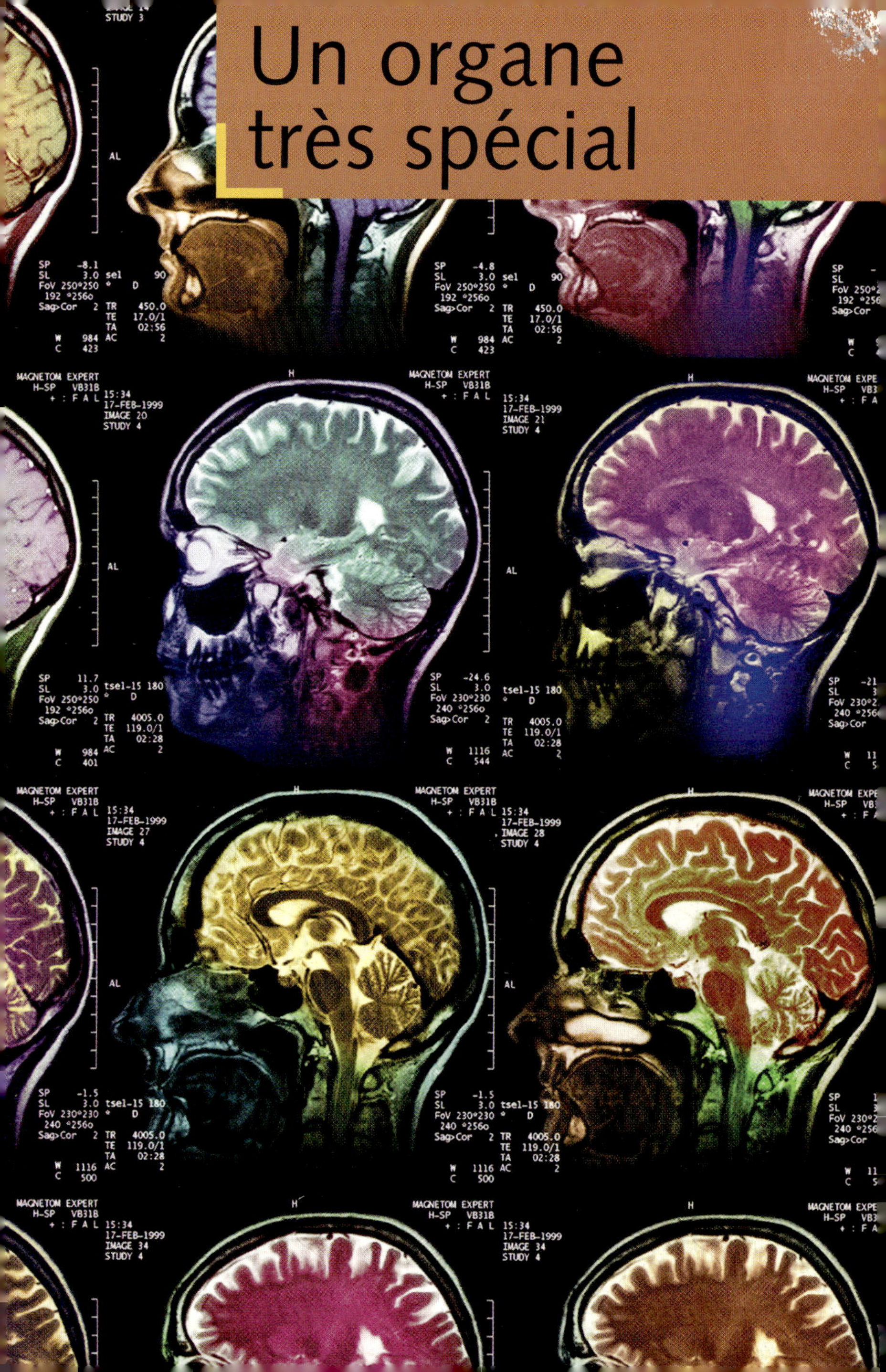

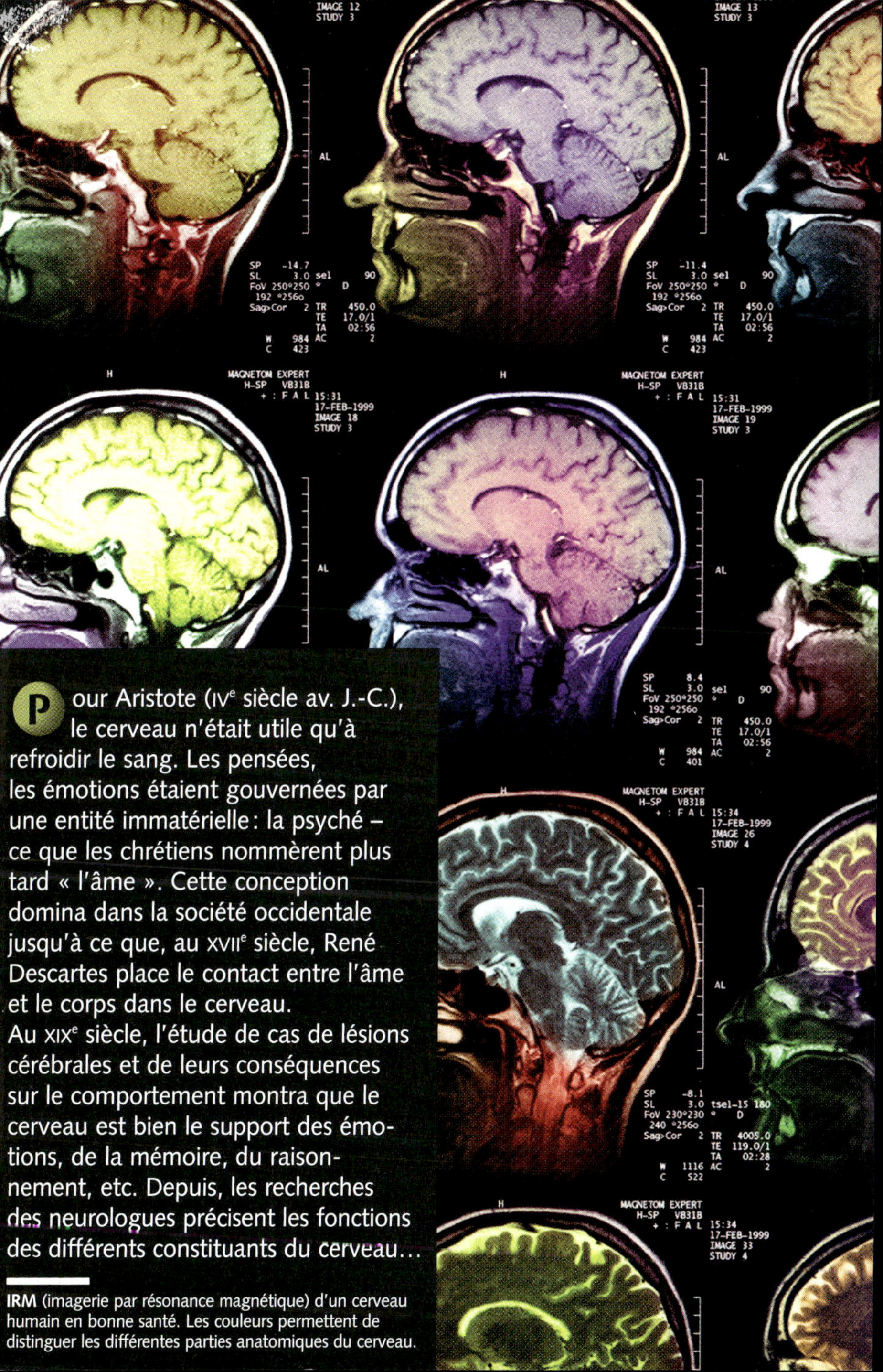

Pour Aristote (IVe siècle av. J.-C.), le cerveau n'était utile qu'à refroidir le sang. Les pensées, les émotions étaient gouvernées par une entité immatérielle : la psyché – ce que les chrétiens nommèrent plus tard « l'âme ». Cette conception domina dans la société occidentale jusqu'à ce que, au XVIIe siècle, René Descartes place le contact entre l'âme et le corps dans le cerveau.

Au XIXe siècle, l'étude de cas de lésions cérébrales et de leurs conséquences sur le comportement montra que le cerveau est bien le support des émotions, de la mémoire, du raisonnement, etc. Depuis, les recherches des neurologues précisent les fonctions des différents constituants du cerveau…

IRM (imagerie par résonance magnétique) d'un cerveau humain en bonne santé. Les couleurs permettent de distinguer les différentes parties anatomiques du cerveau.

Avant-propos

Le cerveau humain est sans doute aujourd'hui une *terra incognita* aussi énigmatique que l'Univers lui-même. Cet objet de tous les fantasmes ne cesse de se dérober.

Les progrès de ces dernières années ont pourtant été extraordinaires : l'anatomie du cerveau est connue – parfois au neurone près ! –, et nous en savons beaucoup plus sur le fonctionnement des cellules nerveuses. Toutefois, nous sommes encore loin d'identifier tous les composants des circuits neuronaux. Et la question se complique encore lorsque l'on observe le cerveau en fonctionnement : le traitement d'une information et son cheminement dans la jungle des neurones font l'objet de recherches toujours plus pointues. Ces recherches sont d'autant plus ardues que le cerveau n'est jamais le même. À chaque instant et quel que soit notre âge, il évolue à une vitesse que l'on n'imaginait pas jusqu'à très récemment.

Voilà sans doute le plus grand enseignement de ces dernières années, celui qui donne à la neurologie sa dimension la plus captivante : le cerveau possède une remarquable capacité à se modifier lui-même, en interaction avec son environnement. Sous l'œil des microscopes, on a vu des neurones pousser, des dendrites s'allonger, des circuits mourir ou se renforcer au gré des événements : l'apprentissage de nouvelles tâches modèle le cerveau ; les exercices effectués dans le cabinet d'un psychologue comportementaliste également.

Les découvertes en neurologie enthousiasment les chercheurs et elles ouvrent de nouveaux ponts avec des disciplines entretenant un rapport avec le cerveau qui, jusqu'ici, semblaient procéder d'une conception totalement différente du sujet : la psychologie bénéficie en effet de ces avancées. Mais ne nous méprenons pas : si la neurologie s'approche de questions existentielles, elle n'a pas pour objet de les résoudre. Nous ne sommes pas réductibles à des neurones en fonctionnement…

Les progrès du matériel d'imagerie médicale ont été spectaculaires ces 40 dernières années : ici, repérage en 3 dimensions de lésions du cerveau d'un malade.

Mensurations

Le cerveau humain occupe un volume de 1 350 cm^3. Il pèse en moyenne 1,4 kg et 40 % de ce poids est dû au cortex. Si elle était étalée, cette couche plissée de 2 à 4 mm d'épaisseur occuperait une surface d'environ 1 m^2, ce qui explique que le cortex soit autant plissé. De même, si l'on alignait bout à bout tous les neurones du système nerveux, on obtiendrait une ligne de 1 000 km environ.

où elle constitue ce qu'on appelle des noyaux. La substance blanche est située en profondeur dans le cerveau, sous le cortex, et en périphérie de la moelle épinière. La substance grise rassemble les cellules du cerveau. Ce n'est pas pour rien que l'on parle de « matière grise » : c'est là que l'information est traitée, que les décisions sont prises. Ces cellules qui la composent, appelées neurones, communiquent dans tout le cerveau et au-delà grâce à des prolongements arborescents.

Ces fibres nerveuses sont souvent recouvertes de myéline, une matière blanche qui accélère la propagation du message nerveux. La substance blanche regroupe donc toutes les zones dédiées à la transmission des influx nerveux. On retrouve cette distinction substance grise/substance blanche dans la moelle épinière.

Le système nerveux central

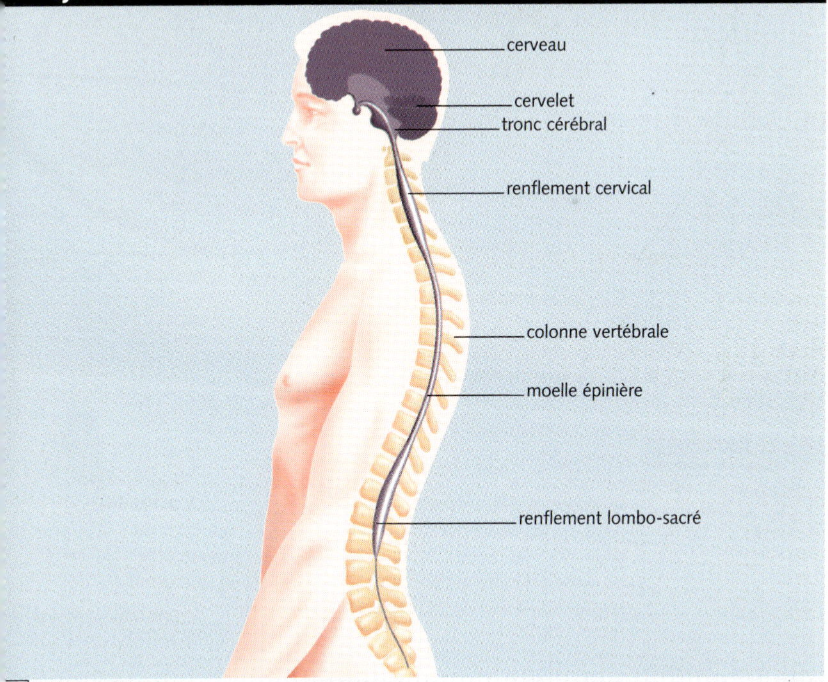

Le diamètre de la moelle épinière n'est pas constant. Les deux renflements contiennent les neurones moteurs et sensoriels à destination des membres supérieurs (niveau cervical) et des membres inférieurs (niveau lombo-sacré).

Le cerveau, clé du système

Au sommet du système nerveux règne le cerveau, l'organe le plus essentiel et le plus mystérieux du corps. Il assure le fonctionnement des organes et la communication avec l'extérieur.

Une apparence peu flatteuse

De la taille d'un petit chou-fleur, d'une couleur rosée due à l'irrigation sanguine, le cerveau présente les circonvolutions d'une noix. Mais, s'il ne représente que 2 % de la masse du corps humain, il mobilise en permanence 20 % de la circulation sanguine, preuve d'une activité intense, continuelle, et essentielle. C'est ici en effet que le monde est décrypté sous forme d'images, de voix, d'odeurs, de sensations tactiles, de saveurs. C'est également dans le cerveau que se forment les pensées et le langage, que se prennent les décisions. Le cerveau est aussi le siège de la conscience fonctionnelle, des émotions. De plus, il commande les mouvements, et veille au bon fonctionnement de l'organisme, assurant la respiration, l'équilibre des hormones, les périodes de veille et de sommeil, la régulation de l'appétit, etc.

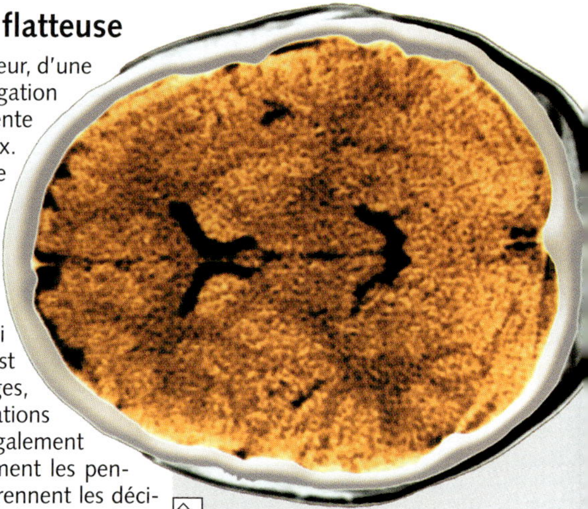

Section horizontale d'un cerveau sain enchâssé dans le crâne, vu par scanner. On y distingue les deux hémisphères droit et gauche. Les zones sombres matérialisent les ventricules remplis de liquide cérébro-spinal.

LEXIQUE

[Cerveau]
Partie supérieure de l'encéphale, comprenant les deux hémisphères cérébraux et le diencéphale.

[Encéphale]
Ensemble comprenant le cerveau, le tronc cérébral et le cervelet.

Aspect extérieur

Le cerveau présente deux côtés séparés par un fossé profond. Il s'agit des deux hémisphères droit et gauche. Chacun s'occupe d'un côté du corps : l'hémisphère droit contrôle le côté gauche et vice-versa. Le cortex cérébral, à la surface des hémisphères, est responsable des fonctions les plus évoluées du cerveau. Sous les deux hémisphères, le cerveau englobe le diencéphale. Celui-ci comprend : l'hypothalamus (dont le rôle est essentiel dans le contrôle des hormones), le thalamus (divisé en deux lobes, c'est là que passent toutes les informations sensorielles avant de rejoindre le cortex) et une des 4 cavités (dites « ventricules ») de l'encéphale, qui contiennent du liquide céphalo-rachidien.

Sous haute protection

Siège d'échanges chimiques et électriques hautement sensibles, le cerveau se doit d'être particulièrement bien protégé. Deux enveloppes assurent cette protection : le crâne osseux et les méninges, tissus souples mais solides. Le crâne est composé de huit os plats soudés entre eux (sauf chez le nouveau-né). Ils forment une boîte solide autour de l'encéphale, percée de trous permettant le passage des nerfs vers les yeux, les oreilles, la moelle épinière, etc. Collée à l'os du crâne, et se prolongeant de manière à envelopper totalement le cerveau et la moelle épinière, la dure-mère est la première méninge et la plus épaisse. La méninge arachnoïde tapisse la face interne de la dure-mère, et est liée de place en place à la troisième méninge, la pie-mère. Ce feuillet très mince, transparent, adhère totalement à la surface du cerveau. Entre l'arachnoïde et la pie-mère circule du liquide céphalo-rachidien, qui constitue lui aussi une protection sous la forme d'un matelas liquide absorbant les chocs.

Enfants secoués

Parce qu'ils pleurent et excèdent leurs parents, ou tout simplement au cours d'un jeu, certains très jeunes enfants sont secoués. Or, secouer un enfant de moins d'un an peut entraîner une hémorragie sous la dure-mère et des lésions neurologiques. Le pronostic est lourd : 80 % des enfants hospitalisés décèdent ou gardent des séquelles graves comme la cécité, l'épilepsie, l'arriération intellectuelle ou des séquelles neurosensorielles.

Le cerveau humain

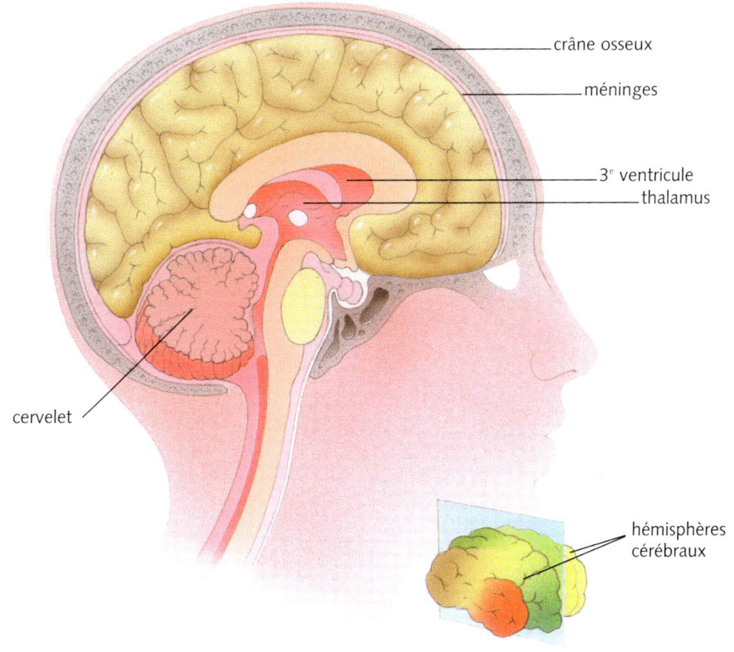

Les ouvriers du cerveau

Le cerveau est composé de deux types de cellules : les neurones, qui produisent et transmettent l'information, et les cellules gliales, qui les entourent, les protègent, les nourrissent.

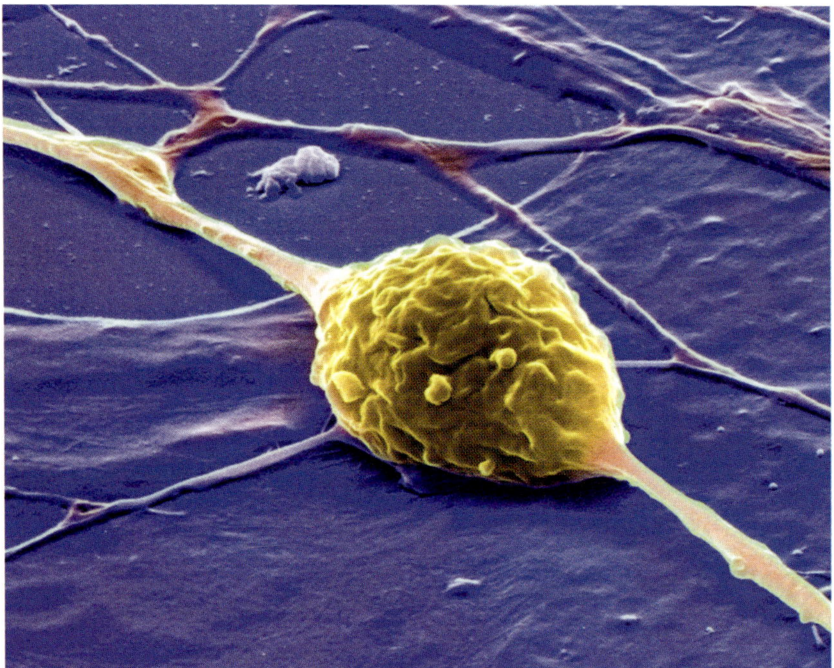

Chez ce neurone (grossi 3 500 fois par spectroscopie électronique), le corps rond donne naissance à un axone et à une dendrite principale, et à plusieurs dendrites plus petites.

Fameux neurones

Plusieurs types de cellules s'enchevêtrent densément dans le cerveau : ce sont les neurones qui véhiculent et traitent l'information. Comme toute cellule évoluée, ils sont délimités par une membrane qui renferme de petites structures, les organelles, qui produisent l'énergie et qui transforment et éliminent les substances utiles au fonctionnement de la cellule. Mais, par rapport à d'autres types de cellules, les neurones possèdent des caractéristiques qui dénotent leur hyper-spécialisation. La plus remarquable est sans doute leur capacité à recueillir les informations depuis l'extérieur et à les retransmettre sous une forme codée (le signal nerveux). La seconde est leur silhouette : les neurones se reconnaissent aux prolongements de leur corps. Généralement courts, ces prolongements peuvent atteindre plus d'un mètre. Ils permettent aux neurones de communiquer dans de nombreuses régions du cerveau et de l'organisme entier. Il existe deux sortes de prolongements : les dendrites et les axones, ces derniers étant souvent repérables à leur diamètre plus élevé au niveau du corps du neurone proprement dit, et à leur silhouette rectiligne peu ramifiée. Les dendrites apportent l'information dans la cellule, où elle est traitée, puis renvoyée en empruntant les axones.

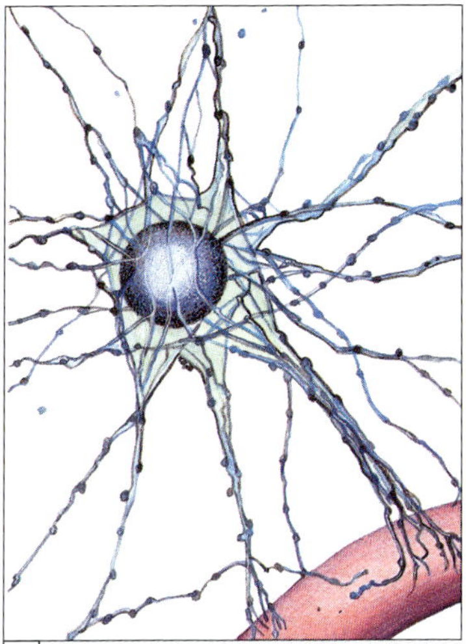

Les astrocytes sont des cellules qui filtrent tout ce qui provient du système sanguin.

Les cellules gliales, des cellules à tout faire

Comme l'indique l'étymologie de leur nom, les cellules gliales constituent la « glue nerveuse » qui entoure et maintient les neurones. Beaucoup plus nombreuses que les neurones, elles constitueraient la moitié de la masse du cerveau. Elles assurent l'entretien et l'alimentation de l'ensemble du système nerveux central. Un rôle essentiel : pour certains biologistes, c'est leur dysfonctionnement qui serait à l'origine des maladies neurodégénératives. Les cellules gliales se différencient en plusieurs types. La microglie, par exemple, assure la protection du cerveau contre les virus et les bactéries. Lorsque ces petites cellules ovales détectent une lésion ou une infection, elles migrent dans sa direction et digèrent les intrus et les cellules mortes. Ces cellules sont essentielles car le cerveau n'est pas accessible aux cellules du système immunitaire chargées de protéger le reste du corps. Une autre catégorie de cellules gliales, les astrocytes, filtrent tout ce qui provient du système sanguin. Ces cellules en forme de pieuvre servent d'intermédiaire entre les vaisseaux et les neurones, régulant les apports de dioxyde de carbone, de glucose, d'oxygène. Elles constituent ce qu'on appelle la barrière hémato-encéphalique, qui bloque les grosses molécules et a fortiori les cellules. On compte également parmi les cellules gliales les oligodendrocytes, des cellules qui s'enroulent autour des prolongements des neurones, formant la gaine de myéline. Cette gaine soutient le réseau neuronal et permet d'accélérer la propagation du signal nerveux. Enfin, les cellules épendymaires constituent la paroi des 4 ventricules, cavités cérébrales communicantes contenant le liquide céphalo-rachidien. Elles sont équipées de petits cils grâce auxquels elles assurent la circulation de ce liquide.

LEXIQUE

[Cellule]
Élément constitutif fondamental des êtres vivants, contenant l'information génétique nécessaire à son fonctionnement et à sa reproduction.

Toutes sortes de neurones

Il existe plus de 200 types de neurones différents. Le corps cellulaire de ces « stars » du cerveau peut être allongé, en forme d'étoile, de cône, de polyèdre, de sphère ou de pyramide.
Le cerveau humain en compte environ 100 milliards.

Naissance d'un cerveau

Bien avant qu'elles se différencient pour former un outil hyper-spécialisé, les cellules du cerveau appartiennent à un amas de cellules indistinctes de celles de la peau.

Le développement précoce des structures

Le système nerveux central se met en place rapidement chez l'embryon humain, puisque c'est de lui que dépendra ensuite le contrôle des fonctions vitales. À 21 jours, il représente 90 % de la masse de l'embryon, puis 70 % à 3 mois, 40 % chez le nouveau-né, pour finir à seulement 2 % chez l'adulte.

Au cours de la 3e semaine, l'embryon est un amas de cellules enfermant un disque en 3 feuillets disposés l'un sur l'autre. Le premier donnera la peau et le tissu nerveux, le second les muscles et les os, le troisième les viscères. C'est au 18e jour qu'a lieu la formation du système nerveux primitif : la neurulation. Ce phénomène débute avec l'épaississement du premier feuillet, qui s'allonge et forme une sorte de raquette sur la face dorsale de l'embryon. Cette raquette se creuse en gouttière, laquelle se ferme au 24e jour pour former le tube neural. C'est lui qui formera le système nerveux central, la partie avant donnant le cerveau, et la partie postérieure la moelle épinière.

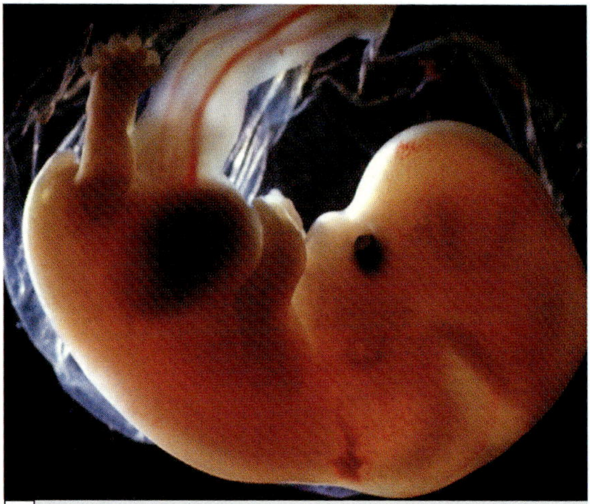

À 7 semaines, l'embryon humain possède déjà une grande partie de sa charpente nerveuse, avec notamment la moelle épinière enchâssée dans la colonne vertébrale (zone plus claire, tranparente).

La partie supérieure du tube neural connaît à partir de là une forte expansion. Trois vésicules (organes creux en forme de sac) se distinguent à la fin du 3e mois. La première, à l'extrémité du tube, forme rapidement deux hémisphères. La deuxième, issue de la portion du tube située juste au-dessous, forme le tronc cérébral. La dernière portion du tube, au-dessous, forme un troisième sac qui se divise en deux éléments : ils formeront les futurs cervelet et bulbe rachidien.

LEXIQUE

[Cellules souches]
Cellules non spécialisées capables de se diviser à l'infini et de se différencier en tous les types de cellules de l'organisme.

Droitier ou gaucher ?

L'hémisphère droit contrôle la partie gauche du corps et l'hémisphère gauche la partie droite. Mais ils ne sont pas de parfaits miroirs l'un de l'autre : ainsi, la zone motrice dédiée aux mouvements de la main droite (située dans l'hémisphère gauche) est, chez 85 % d'entre nous (les droitiers), plus « habile » que celle dédiée à la main gauche, située dans l'hémisphère droit. Les 15 % restants sont les gauchers chez qui cette habileté est inversée et les ambidextres. Cette spécialisation se retrouve pour beaucoup de tâches : audition, mouvements de pieds, etc. On ne sait pas d'où elle vient, mais elle est ancienne : les fœtus semblent déjà montrer une préférence pour sucer le pouce droit ou le pouce gauche...

Cellules : en place !

Les premiers tissus embryonnaires sont constitués de « cellules souches », des cellules non spécialisées pouvant être à l'origine de toutes les cellules d'un organisme. Les cellules souches sont présentes dans les couches profondes du tube neural, puis elles se divisent et migrent vers les couches de surface. La migration se prolonge pendant les deux à trois premiers mois de la vie fœtale. Ces cellules, nommées neuroblastes et glioblastes, sont les précurseurs des neurones et des cellules gliales.

Pour rejoindre leur destination, précisément déterminée, les neuroblastes s'accrochent à des cellules toutes en longueur, orientées depuis le centre vers la périphérie. Ce sont les cellules gliales radiales, des cellules qui disparaissent par la suite. Au cours de ce voyage, ces futurs neurones commencent à se différencier. Leurs prolongements poussent en suivant des signaux chimiques et établissent des contacts avec des cellules cibles, et entre neurones. Les neurones qui n'établissent pas de contact meurent, permettant à l'ensemble du réseau de se structurer d'une manière extrêmement précise.

De leur côté, les glioblastes se différencient également en cellules gliales et commencent à assurer le ravitaillement, le contrôle des déchets, l'enveloppement des prolongements neuronaux, etc.

Formation du système nerveux chez l'embryon

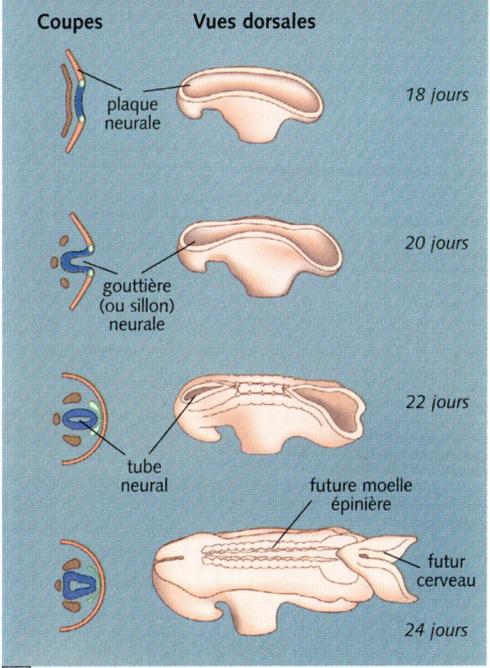

À partir de 18 jours, l'embryon humain commence le processus de formation du système nerveux, la « neurulation ». Le disque que forme alors l'embryon se creuse, constituant une gouttière qui va se refermer pour former un tube creux, le tube neural, siège du futur système nerveux.

Un cerveau en construction

Pendant l'enfance et l'adolescence, le cerveau s'organise et se développe en s'adaptant au monde environnant, guidé par des facteurs internes ou externes.

Connexions multiples chez l'enfant

À la naissance, le cerveau possède presque tous les neurones présents à l'âge adulte. Mais le nouveau-né voit mal, il ne maîtrise pas ses mouvements. Son système nerveux est immature : les cellules gliales ne sont pas en nombre suffisant pour assurer le bon fonctionnement des neurones et les connexions entre neurones ne sont pas terminées.

L'organisation cérébrale se poursuit donc bien après la naissance : les dendrites (ces prolongements neuronaux qui apportent l'information au corps du neurone) continuent de pousser, des connexions supplémentaires s'établissent entre les neurones. Le calendrier du développement dépend largement de la zone du cerveau considérée, et l'on estime qu'il s'étale sur quinze à vingt ans. Une des premières zones à arriver à maturité est le cortex visuel. Dans cette zone impliquée pour le traitement de l'information visuelle, la croissance des dendrites se poursuit jusqu'à 2 ans, puis décline entre 2 et 7 ans, pendant que le nombre de connections, à son maximum à 6 mois, diminue de moitié entre 1 et 5 ans. Le cortex préfrontal quant à lui fait partie des dernières zones à arriver à maturité (il est impliqué dans la planification des tâches, la prise de décision). Le nombre de connexions y atteint son maximum entre 24 et 36 mois, puis diminue d'environ 40 % entre l'âge de 7 ans et l'adolescence.

C'est en cherchant l'équilibre (et en tombant parfois !) que le petit être humain apprend à affiner le fonctionnement de son système nerveux moteur.

Curieusement, la maturation du cerveau s'opère grâce à une perte importante de connexions. Le réseau de neurones est en effet façonné comme une sculpture dans de la pierre : il lui faut enlever de la matière pour faire apparaître la forme. Forme qui, dans le cas du cerveau, correspond à de plus grandes spécialisation et efficacité dans le traitement de l'information.

À l'adolescence, le système nerveux n'est pas encore mature. C'est sans doute de cette immaturité que proviennent l'impulsivité et la grande émotivité de cet âge.

Une structure préétablie, mais malléable

La mise en place de la structure définitive du réseau de neurones suit un canevas de base dicté par le programme génétique. Tous les humains possèdent donc en gros le même réseau de neurones, les mêmes trajectoires de l'information, les mêmes types neuronaux dans des zones identiques du cerveau. Mais ce schéma de base est sculpté par l'interaction avec l'environnement, lequel stimule et renforce certains trajets mis en œuvre pour traiter les informations, tandis que d'autres, non utilisés, dépérissent. Les stimulations (vision, audition d'une langue, goût, etc.) se traduisent par la pousse et l'allongement de dendrites, parfois le grossissement des neurones ou des astrocytes qui les entourent. Chaque zone du cerveau possède pendant l'enfance une période de grande plasticité où elle est particulièrement réceptive aux stimulations extérieures. C'est ainsi que, si l'on obture l'œil d'un petit rat à la naissance, le réseau neuronal qui le relie au cortex visuel sera définitivement altéré. De même, un petit être humain qui n'aura pas appris à parler avant l'adolescence restera muet.

Cerveau d'adolescent

À la puberté, le cortex préfrontal est encore en pleine maturation. C'est sans doute une des raisons pour lesquelles l'adolescence est un âge dominé par les émotions et les sensations. De récentes observations de l'activité de cerveaux d'adolescents (par imagerie médicale) montrent en effet que, lorsqu'ils traitent une information émotionnelle, ils sollicitent plus leur amygdale et moins leur lobe frontal que les adultes. Or le lobe frontal est impliqué dans le raisonnement et le contrôle des émotions et de l'impulsivité, alors que l'amygdale fait partie du système limbique, impliqué dans les réactions émotionnelles, viscérales.

Un chantier permanent

Le cerveau adulte est loin d'être figé ou, comme on le dit souvent, en lente déliquescence. Il est encore modelable par les événements et les apprentissages, et même capable de se régénérer.

Chez l'adulte

Il y a quinze ans, le dogme voulait que le nombre de neurones peuplant le cerveau adulte soit maximal à la naissance, et qu'il ne fasse que régresser par la suite. Les pertes des capacités intellectuelles étaient le signe du vieillissement d'un système incapable de se réparer. Ce dogme a volé en éclats à l'aube du XXIe siècle. C'est en 1998 que l'on a détecté avec certitude la naissance de nouveaux neurones dans le cerveau humain. Cette neurogenèse aurait lieu jusqu'à un âge avancé : plus de 72 ans ! On ne sait pas encore mesurer l'ampleur de la formation de nouveaux neurones, ni si toutes les zones du cerveau sont concernées, ni si cette régénération donne n'importe quel type de neurones ou seulement

LEXIQUE

[Plasticité]
En neurologie, capacité des neurones à se modifier sous l'influence de l'environnement.

Avec l'âge, le système nerveux perd un peu de sa malléabilité. Mais il reste capable de se modifier, d'apprendre de nouveaux gestes et de nouvelles informations.

Femmes et hommes

Les études montrant des différences d'aptitudes entre homme et femme pullulent. Par exemple, les hommes auraient une plus grande facilité à se mouvoir dans l'espace, les femmes maîtriseraient mieux tout ce qui touche au langage. Pour les spécialistes, ces études ne sont pas significatives, les différences interindividuelles étant plus importantes que les variations d'un sexe à l'autre.

des neurones particuliers. Le mystère règne également sur la fonction de cette régénération : répare-t-elle des zones lésées ? Sert-elle à acquérir de nouvelles informations, de nouvelles capacités, de nouveaux apprentissages ? Ce qui est sûr, c'est qu'elle est plutôt rassurante.

Cerveau plastique

Même si le nombre de nouveaux neurones s'avérait faible, notre cerveau n'en serait pas rigide pour autant. Les progrès de l'imagerie médicale le montrent. Lorsque l'on apprend une nouvelle tâche, par exemple le jonglage, la zone cérébrale sollicitée par cette activité augmente en volume. Et si cette activité est abandonnée, la zone reprend, en quelques mois, sa taille initiale. De la même manière, la perte d'un membre, par exemple une main, entraîne la réorganisation de la zone du cerveau concernée, qui se voit grignotée par des réseaux de neurones voisins (ceux dirigeant le coude ou l'avant-bras). Mais cette évolution est réversible. Si une nouvelle main est greffée, le réseau de neurones consacré à la gestion de la main grossit peu à peu. À quoi correspond cette évolution que l'on observe par imagerie médicale ? Plusieurs hypothèses sont avancées : croissance de prolongements, grossissement des neurones, multiplication des astrocytes (qui apportent du glucose), voire apparition de nouveaux neurones.

Mort cérébrale

La mort des neurones a fait elle aussi l'objet de fausses croyances tenaces. Il y a 20 ans, il semblait que certaines zones du cerveau, comme l'hippocampe, perdaient jusqu'à 50 % de leurs neurones avec l'âge en l'absence de maladie neuro-dégénérative. Or des études plus récentes ont montré que la chute du nombre de neurones, si elle existe, reste très faible dans le vieillissement normal. Ce n'est donc pas la mort des neurones qui est responsable de la baisse fonctionnelle. Il s'agirait plutôt d'une diminution de la quantité et de la qualité des liaisons entre neurones. Là encore, plusieurs hypothèses sont testées : altération de l'enveloppe de myéline qui entoure les prolongements et accélère le transport de l'influx nerveux, diminution des connexions entre neurones, altération des zones de connexion, perte de plasticité ?

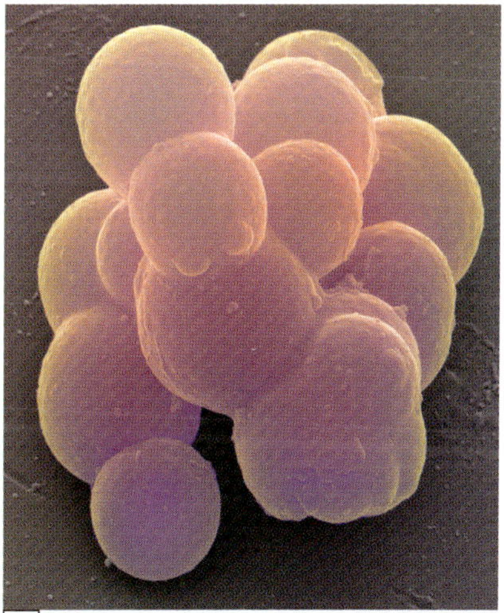

Ces cellules souches, prélevées dans le sang qui transite dans le cordon ombilical d'un fœtus, ne sont pas spécialisées : elles peuvent donner, suivant le milieu qui les entoure, toutes sortes de cellules. C'est cette faculté que la médecine souhaite exploiter, en greffant de telles cellules dans le cerveau pour le traitement de maladies neuro-dégénératives.

Boîte à outils

Le cerveau est séparé en grandes zones (les « lobes ») et organisé en « aires fonctionnelles », dont chacune est dédiée au traitement d'un certain type d'information. Suivez le guide...

Géographie des lobes

On distingue 6 lobes cervicaux, séparés les uns des autres par de profonds sillons. Les lobes frontaux, au-dessus du front, sont impliqués dans la prise de décision, dans la planification, le raisonnement, la modulation des émotions. Ils sont le siège d'une grande partie de notre personnalité. Une zone du lobe frontal gauche est spécialisée dans le langage. Les lobes pariétaux, en haut du crâne, se chargent des sensations : goût, température, douleur, toucher, etc. Ils intègrent les signaux visuels et auditifs, et les mettent en relation avec nos souvenirs, qui se chargent ainsi de sens. Les lobes temporaux, près des oreilles, font office « d'oreille musicale » : ils différencient la hauteur des sons, leur intensité, déchiffrent le sens des mots. Ces lobes se chargent également d'emmagasiner les nouveaux souvenirs et les ramener à la mémoire. Le décodage de l'information visuelle se fait à l'opposé des yeux, derrière la tête, au niveau des lobes occipitaux : c'est le cortex visuel. Enfin, on distingue également 2 lobes internes : le lobe limbique et le lobe insulaire. Le lobe limbique rassemble des structures impliquées dans l'olfaction, les émotions, la mémoire. On y trouve notamment l'amygdale, qui joue un rôle essentiel dans l'alerte et l'angoisse, ou l'hippocampe, impliqué dans la mémoire épisodique des faits et des événements vécus. Le lobe insulaire est le siège de la sensibilité des viscères dont on a conscience.

Les lobes internes du cerveau

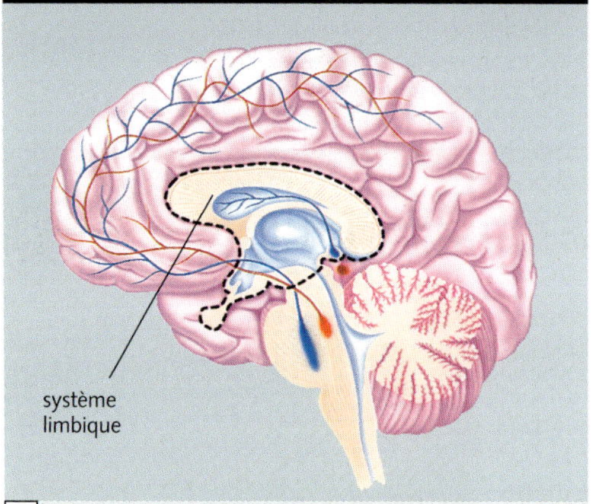

Le système limbique et le lobe insulaire (non visible ici) constituent ce qu'on appelle les lobes internes.

Aires spécialisées

Parallèlement à ces 6 lobes délimités par des frontières visibles de l'extérieur, les neurologues distinguent des aires fonctionnelles. En effet, certaines fonctions sont reliées à des zones précises du cerveau. C'est ainsi qu'on retrouve dans le lobe pariétal une carte complète du corps, chaque partie du corps (mains, doigts, visage, pieds, etc.) possédant sa propre aire de représentation. C'est là qu'aboutissent des informations provenant des cellules sensorielles de la peau et des muscles. Mais aucune aire fonctionnelle n'agit isolément, et de nombreuses fonctions complexes font appel à plusieurs aires fonctionnelles se chevauchant dans plusieurs régions, comme le langage ou la mémoire.

Enfin, si les deux hémisphères sont symétriques, ils ne sont pas redondants et chacun garde une grande spécificité. En effet, si chaque moitié du cerveau gère la partie opposée du corps (hémisphère gauche pour partie droite et hémisphère droit pour partie gauche), chacune possède ses spécialités. L'échange d'informations d'un hémisphère à l'autre est assuré par des faisceaux de fibres, les commissures. Enfin, en dehors de ces zones du cortex, le cerveau comprend des structures telles que le cervelet ou le corps strié (impliqués dans le contrôle des mouvements), et d'autres noyaux (épiphyse, thalamus, hypothalamus, etc), dont nous verrons les fonctions plus loin.

Spécialisation précoce

Lorsqu'ils écoutent des paroles dites dans leur langue maternelle, les nourrissons de 3 mois activent pour la plupart une aire cérébrale précise de l'hémisphère gauche, tout comme les adultes (expérience constatée par imagerie médicale lors de séances de lecture aux bébés). La spécialisation des aires cervicales est donc précoce. Elle est sans doute inscrite, au moins en partie, dans le code génétique qui détermine la structure générale du réseau de neurones. Avant 1 an, les jeunes enfants ont déjà acquis la plus grande partie du système sonore de leur langue maternelle, et ils sont déjà moins performants dans les autres langues…

Les lobes externes du cerveau

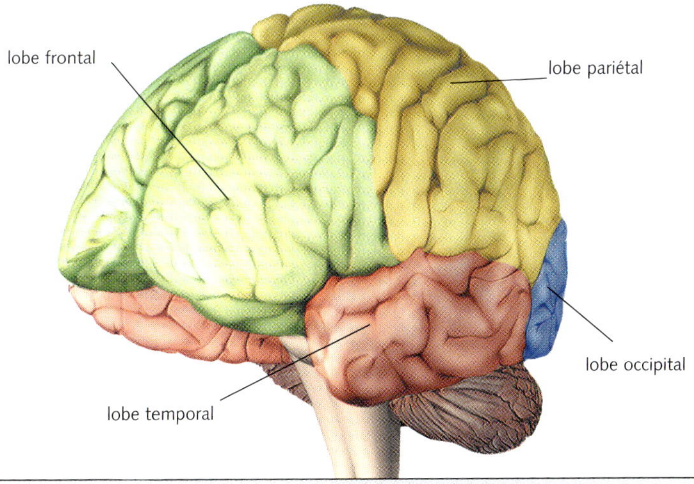

Les scissures et les circonvolutions du cerveau servent de frontière pour délimiter dans chaque hémisphère quatre zones du cortex, appelées lobes : le lobe frontal, le lobe pariétal, le lobe temporal et le lobe occipital. Chacun possède sa spécialité et peut être subdivisé en de nombreuses aires fonctionnelles : production de langage parlé, écoute de la musique, motricité, etc.

Le propre de l'homme ?

Le cerveau humain est souvent présenté comme une réussite de l'évolution. Est-ce lui qui nous distingue des autres animaux ? Oui et non…

Au début : le cerveau reptilien

Au fur et à mesure de l'évolution, depuis les premiers vertébrés apparus il y a 500 millions d'années jusqu'à l'homme, le cerveau a connu des ajouts de structures et des développements phénoménaux. Les premiers poissons disposaient de ce que l'on nomme « cerveau reptilien » : composé d'un cervelet et du tronc cérébral, il assure les seules fonctions vitales de l'organisme (respiration, régulation de la température, fréquence cardiaque, etc.). Il y a 150 millions d'années, chez les premiers mammifères, d'autres structures apparaissent, venant coiffer le cerveau reptilien. Il s'agit du cerveau limbique, essentiel pour le traitement des émotions. Il y a 2 à 3 millions d'années, chez les primates, vient s'ajouter, à un « néocortex » très gros, un cortex pré-frontal très développé. La taille du cortex augmentant nettement plus vite que celle de la boîte crânienne,il s'est tassé et plissé. Ces plissements et circonvolutions auraient favorisé la mise en place de nombreuses connexions entre les neurones, condition nécessaire pour un fonctionnement complexe.

Taille et intelligence

Contrairement à ce que l'on croit souvent, le lobe frontal de l'homme, siège des fonctions évoluées, n'est pas plus gros en proportion que celui des autres grands singes. Il occupe chez tous (chimpanzés, gorilles et orangs-outans compris) 38 % du volume de l'encéphale. De quoi dépendent donc les capacités cognitives ? Peut-être de la densité des réseaux de neurones et de leurs interconnexions.

Langage, émotions, réflexion : les capacités cognitives des primates ne cessent d'étonner. Elles restent cependant moins développées que les nôtres.

Le summum de l'évolution ?

Parmi toutes les structures du cerveau, c'est le cortex qui a connu la plus forte expansion au cours de l'évolution. Que contient-il ? Des aires sensorielles et motrices, qui ont sans doute permis à nos ancêtres d'être plus performants pour chasser leurs proies. Il contient également des aires très utilisées pour la vie en société : la capacité à se mettre à la place de l'autre pour prévoir son comportement, le langage, etc. Le cerveau humain constituerait-il donc le summum de l'évolution ? Tout dépend de l'échelle des valeurs que l'on adopte.

Si c'est le développement intellectuel, sans doute. Mais, à l'aune des théories de l'évolution, qui considèrent qu'une nouvelle espèce se forme et prospère lorsqu'elle est mieux adaptée à son environnement que les espèces concurrentes, il n'en est rien. De nombreuses espèces peuvent prétendre vivre en bien meilleure harmonie avec leur milieu que la nôtre, et elles lui survivront peut-être.

Un cerveau, des cerveaux

L'homme partage 99 % de son patrimoine génétique avec ses cousins les plus proches, les grands singes. Et, pourtant, son allure, son comportement et, surtout, ses capacités cognitives sont bien différents ! En fait, les similitudes génétiques sont très inégalement réparties. Si les cellules du foie, ou les globules blancs, contiennent quasiment les mêmes gènes, il n'en est pas de même pour les cellules du cerveau. Bien qu'elles utilisent un patrimoine génétique très ressemblant, les nôtres produisent presque 6 fois plus de protéines que celles des chimpanzés.

Cette suractivité signifie-t-elle que c'est par l'utilisation du cortex qui est la sienne que l'homme se différencie des autres espèces ?

C'est une possibilité. Mais les études du comportement des animaux nous montrent de plus en plus qu'il existe une continuité dans le monde vivant. Il n'y a pas de frontière bien nette entre ce qui est humain et ce qui ne l'est pas. Ce qui est sûr, c'est que, avec l'usage des outils, la capacité à modifier son environnement, le langage, la bipédie, le développement de structures et de relations sociales complexes, l'utilisation du cortex préfrontal est une des caractéristiques fondamentales de l'espèce *Homo sapiens*.

Cerveaux animaux et humain

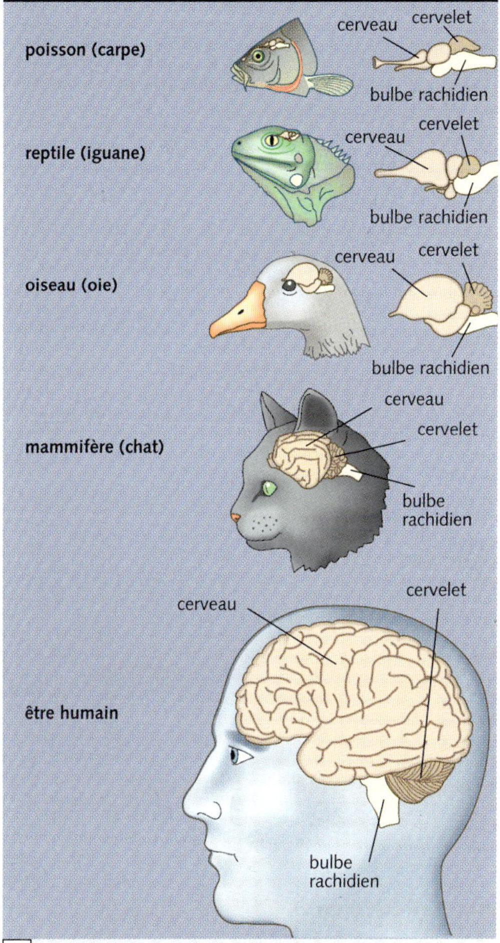

Chez toutes les espèces, le cerveau, constitué de neurones connectés par des synapses, contrôle les fonctions végétatives et éventuellement cognitives. Mais, au cours de l'évolution, les structures du cerveau (siège des fonctions évoluées) ont connu une croissance remarquable.

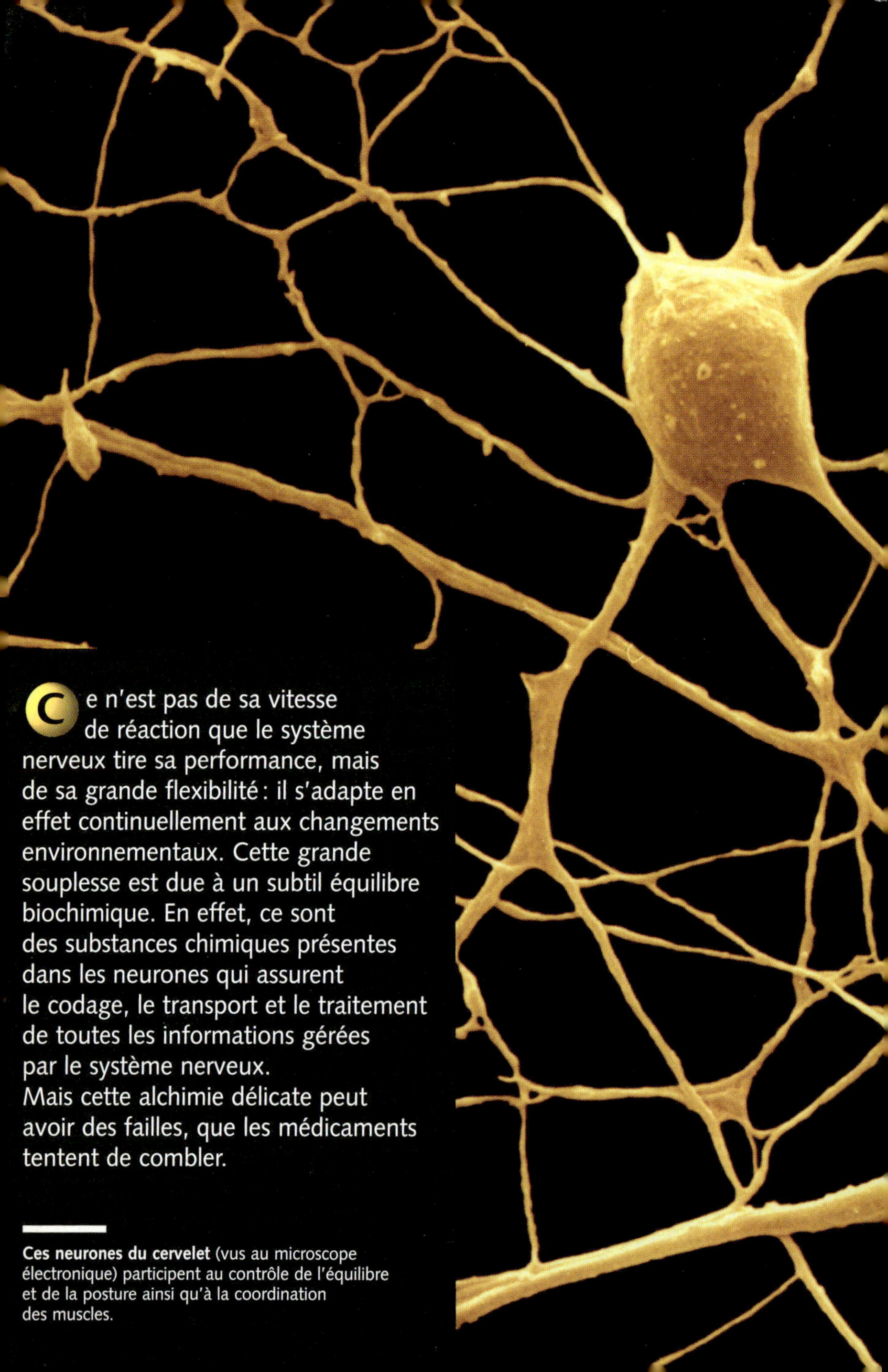

Ce n'est pas de sa vitesse de réaction que le système nerveux tire sa performance, mais de sa grande flexibilité : il s'adapte en effet continuellement aux changements environnementaux. Cette grande souplesse est due à un subtil équilibre biochimique. En effet, ce sont des substances chimiques présentes dans les neurones qui assurent le codage, le transport et le traitement de toutes les informations gérées par le système nerveux. Mais cette alchimie délicate peut avoir des failles, que les médicaments tentent de combler.

Ces neurones du cervelet (vus au microscope électronique) participent au contrôle de l'équilibre et de la posture ainsi qu'à la coordination des muscles.

L'alchimie du cerveau

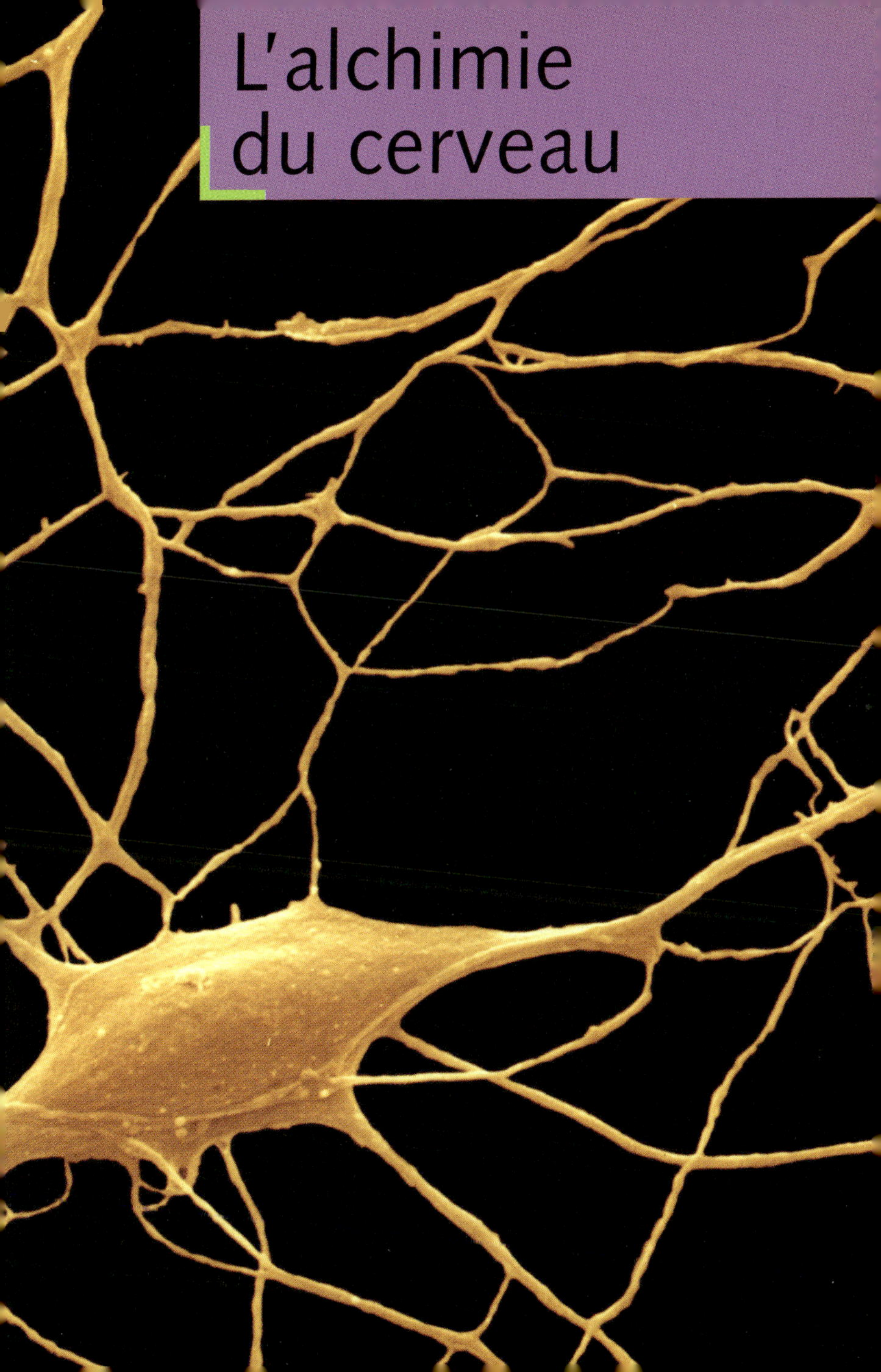

La circulation de l'information

L'information circule dans les nerfs et dans le cerveau sous forme d'impulsions électriques. Ces impulsions naissent d'un subtil dosage de substances chimiques.

Quel matériel est nécessaire ?

Au sein du système nerveux, l'information est véhiculée par la membrane qui entoure les cellules nerveuses. Cette membrane présente une différence de densité de charges électriques entre ses deux faces (à l'intérieur et à l'extérieur), qui se traduit par une différence de potentiel. Les charges électriques sont portées par des ions (principalement calcium, potassium, sodium, chlorure) ou par des protéines de grande taille. Les ions sont des atomes ou des groupes d'atomes qui ont perdu ou gagné des électrons, ce qui leur donne une charge électrique positive ou négative.

LEXIQUE

[Potentiel d'action] Phénomène électrique très court se propageant le long d'une fibre nerveuse.

La quantité d'ions de part et d'autre de la membrane est régulée par des protéines dites « protéines-canaux ». Insérées dans la membrane, elles forment des passages qui font transiter les ions de manière passive : la différence de charge entre l'intérieur et l'extérieur provoque l'ouverture des canaux, dans lesquels les ions s'engouffrent naturellement pour compenser les différences de concentration de part et d'autre de la membrane. On trouve également dans la membrane des pompes ou des transporteurs, qui font passer des ions d'un côté à l'autre de façon active, en brûlant de l'énergie.

Structure d'un neurone

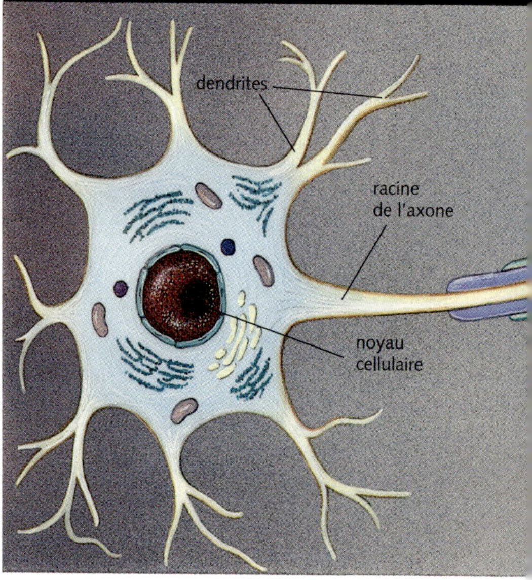

L'envoi de l'information

L'information arrive au neurone par sa membrane (partout où elle reçoit des connexions nerveuses) et en repart par son

Pas d'excès de vitesse

La vitesse de propagation de l'influx nerveux est très inférieure à celle du courant électrique. Les plus grosses fibres nerveuses, entourées de myéline, véhiculent le signal à une vitesse de 120 m/s, soit 432 km/h. Les plus petites fibres non myélinisées, quant à elles, transportent le signal à une vitesse de 0,5 m/s, soit moins de 2 km/h ! Heureusement, les trajets sont très courts au sein de ces dernières.

axone. C'est lui qui véhicule l'information d'un neurone à un autre, ou à destination de cellules effectrices (cellules hépatiques, musculaires, etc.). Lorsque la membrane de l'axone subit une atténuation de différence de potentiel suffisamment importante, les protéines-canaux changent de forme. Elles laissent passer des ions sodium, qui entrent en masse dans le milieu intracellulaire en quelques millièmes de seconde.

La différence de potentiel se voit encore diminuée, au point de s'annuler et de s'inverser. Ce changement brutal de polarité entraîne la modification de la membrane un peu plus loin sur le trajet, où les protéines-canaux s'ouvrent elles aussi. Le signal électrique (dit « potentiel d'action ») se propage ainsi au sein de l'axone. Dans le cas d'un axone sans myéline, cette propagation est continue et lente, car liée au phénomène biochimique d'ouverture-fermeture des canaux qui doit se produire tout au long de la fibre. Par contre, la présence de myéline sur une fibre permet une propagation rapide du signal, qui est alors purement électrique (et non plus biochimique). Grâce à la myéline, le signal électrique prend un raccourci : il « saute » d'un point de jonction (dit « nœud de Ranvier ») à un autre entre les gaines de myéline.

C'est ainsi que le signal nerveux se propage dans les axones. Les potentiels d'action ont toujours la même amplitude ; le signal est donc uniquement modulé par la fréquence des potentiels d'action qui se suivent. Le message nerveux est en fait constitué par un train d'impulsions toujours identiques ; plus elles sont rapprochées, plus le signal est fort. Après le passage du potentiel d'action, les pompes et les transporteurs se mettent en marche pour rétablir la différence de potentiel d'origine.

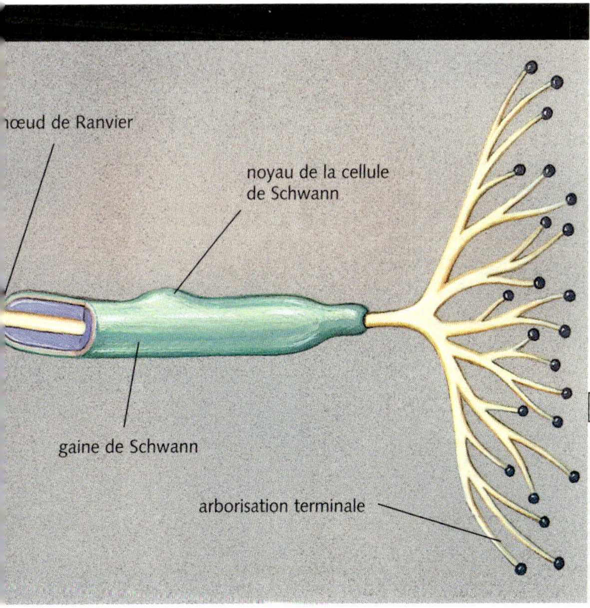

Le corps cellulaire, de forme plus ou moins arrondie, est le point de départ d'une multitude de prolongements arborescents, les dendrites, et d'un prolongement plus rectiligne, l'axone.

L'information remaniée

Au centre du neurone se rejoignent les signaux électriques. Certains vont s'annuler, d'autres s'exacerber. Ce remaniement énigmatique constitue le cœur du traitement de l'information.

La naissance d'un signal

Dans un neurone, le signal électrique est véhiculé des dendrites vers l'axone en passant par le corps cellulaire où a lieu le traitement de l'information. Au niveau des dendrites et du corps cellulaire, le signal prend la forme d'un changement local de polarisation. Il peut s'agir de dépolarisation (diminution de la polarisation) ou d'hyperpolarisation (accentuation de la polarisation). La dépolarisation est due à l'ouverture de canaux à sodium qui laissent entrer des ions positifs. L'hyperpolarisation est due, quant à elle, à l'ouverture de canaux laissant sortir des ions potassium (chargés positivement) et entrer des ions chlorure (chargés négativement).
Ces potentiels sont gradués, c'est-à-dire que leur amplitude est variable. Contrairement aux potentiels d'action propres aux axones, ce changement de polarisation ne se propage pas : les canaux ne s'ouvrent qu'à un seul endroit ; le signal diffuse le long de la dendrite en s'atténuant (comme, par exemple, un liquide qui imbiberait un tissu perméable).
Voilà pourquoi les dendrites ne sont pas munies de cellules de Schwann, lesquelles accélèrent la propagation du signal dans les axones.

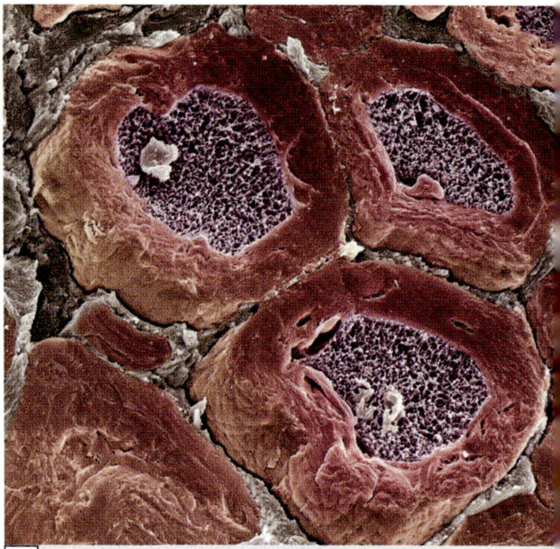

Sur cette coupe de nerf vue au microscope électronique, on aperçoit clairement les cellules de Schwann (en rose) enveloppant l'axone nerveux (en mauve).

Potentiels enregistrés

Grâce à des électrodes extrêmement fines, il est possible d'enregistrer les potentiels locaux et les potentiels d'action chez l'animal vivant. Une électrode est en général posée sur la membrane, une autre mise en contact avec le milieu extra-cellulaire. Les deux sont reliées à un oscilloscope (sorte de voltmètre sophistiqué), sur l'écran duquel s'affichent les variations de voltage. Cette technique permet de visualiser la sensibilité de chaque neurone (lumière, son, langage, etc.).

La magie de l'intégration

C'est au centre du neurone qu'aboutissent tous les potentiels gradués. Il y a parmi eux des potentiels excitateurs, fruits d'une dépolarisation de la membrane, et des potentiels inhibiteurs,

LEXIQUE

[Polarisation]
Différence de concentration des charges de part et d'autre d'une membrane.

fruits d'une hyperpolarisation. Que fait le neurone de ces milliers de messages qui lui arrivent continuellement ? Il réalise des sommes dans le temps et dans l'espace : en effet, pour que deux potentiels s'influencent, il faut qu'ils soient proches à la fois géographiquement et dans le temps. Par contre, s'ils sont éloignés dans le temps ou s'ils se situent dans deux régions éloignées du corps neuronal (tout dépend du temps qu'ils mettront à se propager vers la racine de l'axone), ils seront traités l'un après l'autre. S'ils remplissent les conditions de temps et d'espace, deux potentiels excitateurs donneront naissance à un potentiel excitateur accru, et deux potentiels inhibiteurs à un potentiel inhibiteur accru ; par contre, la rencontre d'un potentiel inhibiteur et d'un potentiel excitateur d'amplitude comparable provoquera leur annulation mutuelle.

La genèse d'un potentiel d'action

La racine de l'axone (qu'on appelle « cône d'implantation ») fournit la réponse du neurone à la multitude de stimulations qu'il a reçues. Cet endroit est très riche en canaux sensibles au voltage. Si, à un moment donné, la somme des potentiels excitateurs et inhibiteurs est supérieure à une valeur seuil, des potentiels d'action vont être générés. Si la durée de l'excitation est très faible, un seul potentiel naîtra au niveau du cône d'implantation.
Si l'excitation dure plus longtemps, plusieurs potentiels d'action se succéderont rapidement, au rythme de l'ouverture et de la fermeture des canaux à sodium.

Génération d'un potentiel d'action

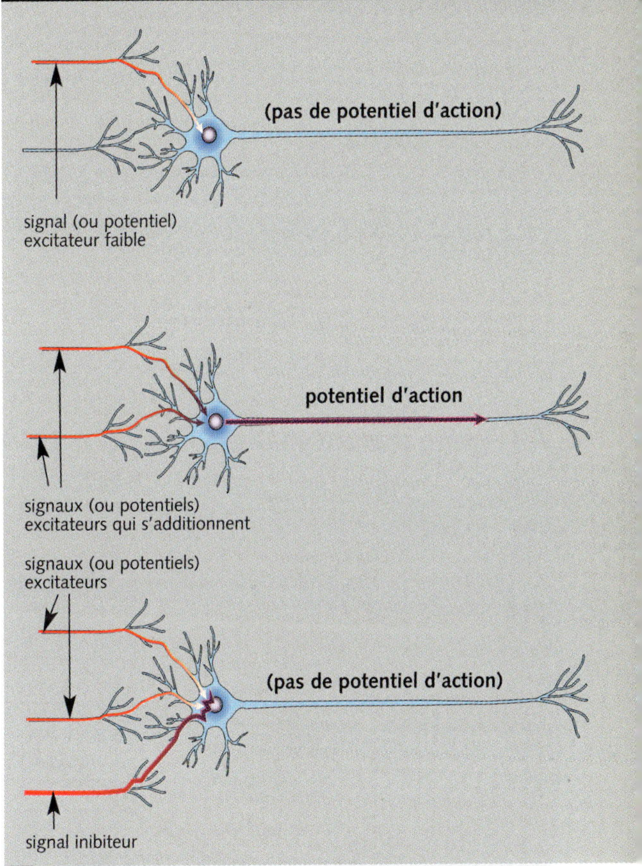

Les potentiels excitateurs et inhibiteurs qui se propagent jusqu'au corps du neurone s'additionnent ou s'annihilent. Si l'ensemble produit un signal suffisant, l'axone générera un potentiel d'action.

D'un neurone à l'autre

Si l'information se propage dans le neurone sous forme d'un signal électrique, elle est transmise d'un neurone à l'autre, au niveau des synapses, sous forme de molécules chimiques.

La fonction d'une synapse

Le contact d'un neurone à un autre se fait au niveau d'une structure appelée « synapse ». Les synapses sont des points de jonction qui permettent le passage d'information entre une zone d'un neurone et une autre zone appartenant à un autre neurone : deux dendrites, un axone et une dendrite, un axone et le corps cellulaire d'un neurone. Dans tous ces cas de figure, le neurone situé en amont dans le circuit contrôle, du moins en partie, l'action du neurone situé en aval.

Mais les synapses peuvent aussi flotter dans le milieu extra-cellulaire ou bien s'accrocher à des vaisseaux sanguins, et y sécréter des substances chimiques. Dans ce cas, le neurone situé en amont module la fonction d'organes plus gros.

En effet, de nombreuses substances sécrétées par les neurones sont en fait des hormones, qui agissent sur de nombreuses zones du corps.

LEXIQUE

[Synapse]
Région où deux zones de la membrane de deux neurones se rapprochent et échangent de l'information.

[Neurotransmetteur]
Molécule libérée par un neurone pour transmettre de l'information à d'autres cellules.

Anatomie d'une synapse

La synapse se compose de trois parties : la partie émettrice du signal, ou bouton synaptique, située au bout de l'axone (ou de la dendrite) ; la partie réceptrice du signal, dite membrane post-synaptique ; et l'espace situé entre les deux, appelé fente synaptique. Cette fente mesure 0,2 à 0,3 micromètre (millionième de mètre). Elle sépare la membrane pré-synaptique de la membrane post-synaptique, qui sont toutes deux les sièges des échanges de substances chimiques. L'échange d'information entre les deux zones a lieu sous la forme d'un passage de substances chimiques que l'on nomme « neurotransmetteurs ».

Ceux-ci sont stockés dans des poches, les vésicules, situées dans le bouton synaptique. L'arrivée d'un potentiel d'action déclenche l'émission du contenu des vésicules, lesquelles libèrent, à travers la membrane pré-synaptique, les neurotransmetteurs dans la fente synaptique. De l'autre côté de la fente, dans la membrane post-synaptique, sont fichées des protéines réceptrices : les neurotransmetteurs vont

Synapse électrique

Rares chez les mammifères, les synapses électriques existent chez d'autres êtres vivants (écrevisses par exemple). La fente synaptique alors n'existe pas et les membranes pré- et post-synaptique sont collées l'une à l'autre. Le potentiel d'action passe ainsi d'un neurone à l'autre de façon très rapide, ce qui est très utile pour certains comportements (fuite par exemple). Il faut remarquer que les synapses électriques, moins complexes que les synapses chimiques, sont présentes en grand nombre chez l'embryon humain lorsque son cerveau est en phase de développement précoce.

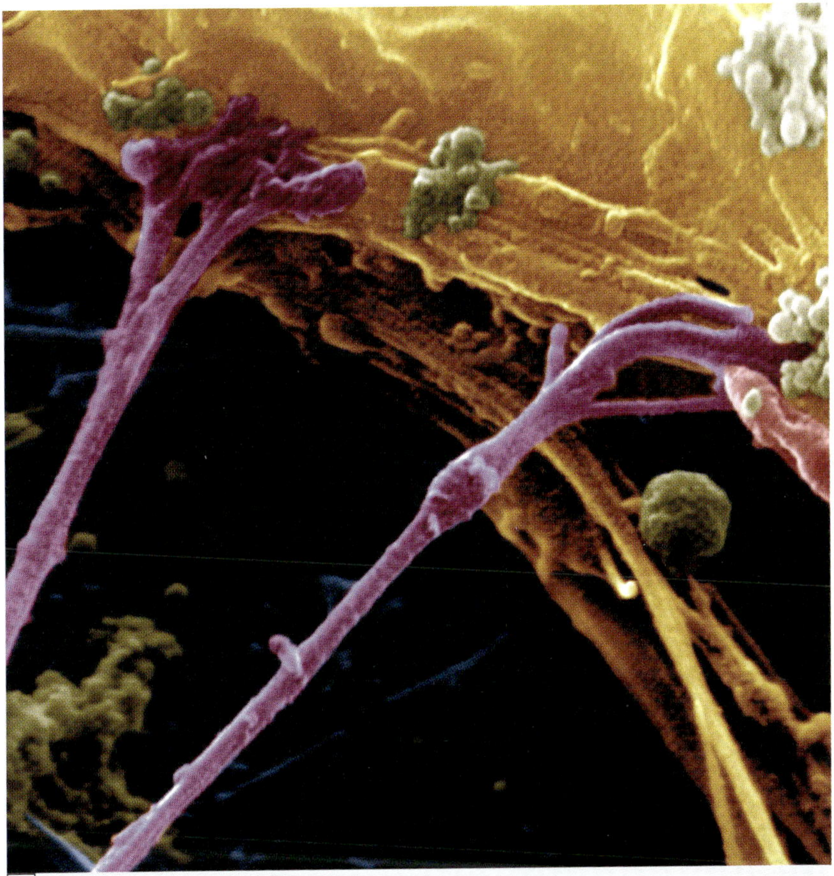

Des fibres nerveuses (en violet) conduisent des signaux électriques à un neurone (en jaune). Elles sont connectées au neurone par des synapses.

s'y insérer, de façon spécifique, comme autant de clés différentes correspondant à différentes serrures.

Neurones spécialisés

Pour simplifier une réalité plus complexe, on considère que chaque neurone libère un neurotransmetteur. Ainsi, dans des régions distinctes du cerveau, les neurones cholinergiques libèrent de l'acétylcholine, les neurones noradrénergiques libèrent de l'adrénaline, etc. Certains neurotransmetteurs provoquent dans le neurone post-synaptique la création d'un potentiel excitateur. D'autres, comme l'acétylcholine, génèrent un potentiel inhibiteur. Les neurones pré-synaptiques peuvent donc être, eux aussi, considérés comme ayant une action excitatrice (accélération du rythme cardiaque par exemple) ou inhibitrice (par exemple son ralentissement). Un groupe de neurones utilisant le même neuromédiateur peut être impliqué dans un type de comportement particulier. C'est ainsi que les neurones à dopamine sont impliqués dans le contrôle des mouvements. Ce sont eux qui sont touchés au cours de la maladie de Parkinson.

Quand le signal électrique devient chimique

Lorsqu'un potentiel d'action arrive au niveau de la terminaison de l'axone, il provoque l'ouverture de canaux à calcium sensibles à la différence de potentiel. Comme la concentration en calcium est très faible à l'intérieur du neurone, les ions correspondants

Le passage des neuromédiateurs au niveau d'une synapse

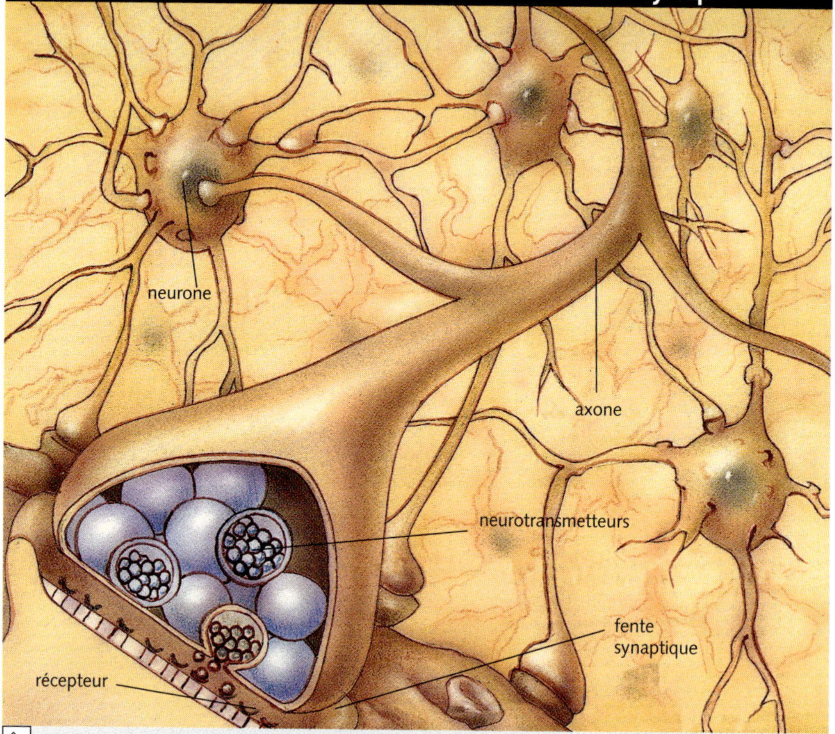

Dans le bouton pré-synaptique, l'arrivée d'une impulsion nerveuse provoque la migration des vésicules remplies de neurotransmetteurs vers la fente synaptique. Le neurotransmetteur, capté par les récepteurs de la membrane post-synaptique, provoque la formation d'un signal dans le neurone récepteur.

entrent en force. Pour une raison encore inconnue, cette entrée massive provoque la migration des vésicules vers la membrane post-synaptique. Les vésicules fusionnent alors avec la membrane et libèrent le neuromédiateur dans la fente synaptique.
Ce phénomène est appelé « exocytose ». De l'autre côté de la fente synaptique, les neuromédiateurs se lient aux récepteurs qui leur correspondent dans la membrane post-synaptique. Cette liaison produit une modification de la structure de la membrane. Suivant le type de récepteurs activés, cette modification pourra soit générer une dépolarisation de la membrane post-synaptique (c'est-à-dire un potentiel excitateur) ; soit générer une hyperpolarisation (c'est-à-dire un potentiel inhibiteur) ; soit enfin déclencher d'autres réactions chimiques si la membrane post-synaptique est celle d'un muscle (déclenchement d'une contraction) ou d'une glande (production d'hormones). Chaque neurotransmetteur peut activer plusieurs types de récepteurs, et peut donc produire des signaux post-synaptiques différents.

Vitesse de transmission

Le premier scientifique à démontrer que la transmission synaptique pouvait être chimique fut Otto Loewi, un chercheur autrichien. En 1921, il réussit à ralentir les battements d'un cœur de grenouille en le plongeant dans de l'acétylcholine. Mais, à l'époque, l'idée passait pour incongrue. On supposait qu'une transmission chimique serait beaucoup trop lente pour que le système nerveux fonctionne correctement. En fait, on sait maintenant qu'il se passe à peine 60 millionièmes de seconde entre l'afflux des ions calcium et la libération du neurotransmetteur.

Retour à la normale

Pour qu'un nouveau message puisse passer par la synapse, la fente synaptique doit être vidée des neurotransmetteurs qui y ont été libérés. Une partie des neurotransmetteurs se dilue dans le milieu extra-cellulaire. D'autres vont être modifiés, dans la fente synaptique, par des enzymes (des molécules spécialisées dans l'activation de réactions chimiques), de manière à devenir inactifs. D'autres retourneront dans la membrane pré-synaptique pour être réutilisés à une autre occasion. Enfin, certains neurotransmetteurs seront intégrés par des cellules gliales, qui les dégraderont ou les renverront vers le bouton synaptique.

Un signal modulé

Le message minimal qui peut traverser une fente synaptique correspond à la libération du contenu d'une seule vésicule, phénomène qui se produit de manière spontanée. Un potentiel d'action entraîne en fait l'exocytose de plusieurs centaines de vésicules. Chaque vésicule contient le même nombre de molécules de neurotransmetteurs (quelques milliers). Le potentiel post-synaptique sera donc toujours un multiple du potentiel généré par l'exocytose d'une seule vésicule. Cette unité de transmission est appelée un « quantum » et le potentiel post-synaptique est toujours un multiple de ce quantum : cela est important à connaître si l'on veut modéliser le fonctionnement du cerveau. La quantité de vésicules libérées dans le milieu dépend de la quantité de calcium qui entre dans le bouton pré-synaptique, et de la disponibilité des vésicules.

LEXIQUE

[Exocytose]
Libération de la substance contenue dans une vésicule intracellulaire vers le milieu extra-cellulaire par fusion des membranes de la vésicule et de la cellule.

Les réseaux de messagers

Le cerveau utilise de nombreux neurotransmetteurs pour diriger l'organisme. Chacun appartient à un système neuronal particulier, impliqué dans un certain type de tâche.

Des messagers en quantité.

Les messagers chimiques utilisés par le cerveau sont appelés des neurotransmetteurs. Ces molécules, présentes à l'intérieur du neurone, sont capables, après avoir été libérées dans la fente synaptique, d'agir sur la cellule-cible ; elles sont ensuite inactivées. Une cinquantaine de neurotransmetteurs a été identifiée dans le cerveau, mais il est possible qu'il en reste tout autant à découvrir. Les neurologues les classent en trois familles : les neurotransmetteurs de petite taille, les peptides (des molécules plus grosses et plus lourdes) et les neurotransporteurs gazeux.

Lorsqu'une molécule d'acétylcholine se fixe à ce récepteur fiché dans une membrane, un canal s'ouvre de manière à laisser passer des particules chargées. Ce passage modifie le potentiel électrique de la membrane.

Neurotransmetteurs de petite taille

Les neurotransmetteurs de petite taille ont été les premiers découverts et restent les mieux connus.
On y trouve l'acétylcholine, la dopamine, le glutamate, l'adrénaline, la noradrénaline, la sérotonine, etc. Ils sont en général synthétisés directement dans la terminaison de l'axone à partir de composés provenant de notre alimentation. Ils y sont stockés dans les vésicules, en attendant d'être libérés dans la fente synaptique, où ils se lient à des récepteurs-canaux qui s'ouvrent et provoquent le changement du potentiel de la membrane post-synaptique.

Multiples neurotransmetteurs

Les neurologues pensaient au départ que chaque neurone utilisait un seul type de neurotransmetteur. Las ! Non seulement chaque neurone utilise parfois deux neurotransmetteurs (voire plus…), mais il arrive qu'une même synapse fonctionne avec plusieurs d'entre eux. Cela dit, on distingue souvent un neurotransmetteur principal dans une terminaison d'axone ; cela permet d'associer un neurone, un neurotransmetteur et une fonction comportementale. C'est ainsi que les neurones à acétylcholine contrôlent la contraction musculaire, et sont impliqués dans la concentration et la mémoire. Les neurones à dopamine sont impliqués dans le comportement moteur normal. Le système à noradrénaline joue un rôle dans le tonus émotionnel, et le système à sérotonine dans l'éveil.

Le circuit de l'acétylcholine

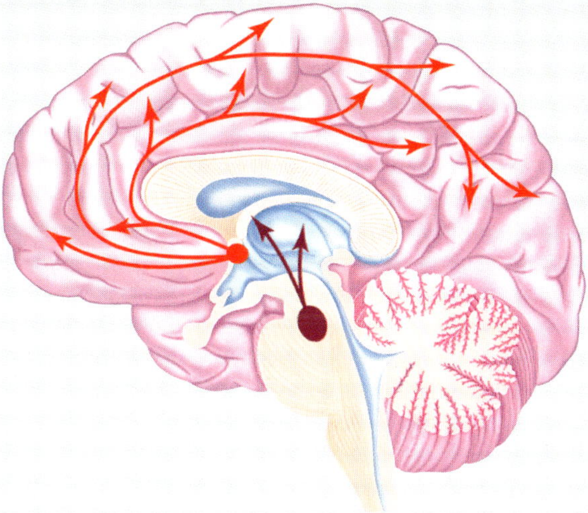

Les neurones à acétylcholine forment un réseau avec des connexions dans de nombreuses parties du cerveau. La détérioration de ce circuit de neurones à acétylcholine semble être à l'origine des pertes de mémoire observées au cours de la maladie d'Alzheimer.

Les neuropeptides

Les neuropeptides, molécules plus grosses et plus complexes, sont quant à eux fabriqués au centre du neurone dans des structures spécialisées à partir des instructions contenues dans le code génétique. Cette synthèse s'avère beaucoup plus lente. Les enképhalines et les endorphines (de la famille chimique des opiacés) comptent parmi les neuropeptides. Elles sont impliquées dans le plaisir et la douleur. On y range également des neurohormones, comme la vasopressine (impliquée dans la contraction des vaisseaux sanguins et le contrôle du volume urinaire) et l'ocytocine (impliquée dans le déclenchement de l'accouchement). On y trouve également l'insuline, qui régule le taux de sucre dans le sang. Les neuropeptides n'ont pas d'effet sur le potentiel des membranes.
Ils se lient à des récepteurs qui ne sont pas des canaux, mais qui agissent directement sur la fonction de la cellule-cible. C'est ainsi, par exemple, que la gastrine provoque la production d'acide chlorhydrique dans l'estomac en pleine digestion.

Les transporteurs gazeux

Les transporteurs gazeux restent les plus mystérieux des neurotransmetteurs.
Ces gaz solubles, qui passent facilement les membranes, ne peuvent pas être stockés. Ils sont donc synthétisés au fur et à mesure des besoins dans de nombreuses parties du neurone d'où ils diffusent immédiatement. Le monoxyde d'azote est ainsi utilisé dans de nombreuses régions. Il contrôle les muscles de la paroi intestinale, et intervient dans la dilatation des vaisseaux sanguins (par exemple lors de l'érection du pénis).

Molécules artificielles dans le cerveau

Peu de molécules peuvent pénétrer dans le cerveau. Celles qui y parviennent bloquent ou exacerbent l'action des neurotransmetteurs, mais tous leurs effets ne sont pas compris.

Passer dans le cerveau

Le cerveau est imperméable à de nombreuses substances présentes dans le sang. En effet, une barrière hémato-encéphalique le protège de l'entrée de molécules chargées électriquement (donc pouvant perturber la transmission de l'influx nerveux), des substances toxiques et des microbes.

Le premier élément de cette barrière, ce sont les parois des capillaires cérébraux. Alors qu'ailleurs ces parois sont constituées de cellules disjointes, les cellules sont ici serrées les unes contre les autres. Ensuite, les nombreuses jonctions des prolongements des astrocytes, qui adhèrent aux vaisseaux sanguins, font office de deuxième filtre. Seules les petites molécules non chargées, comme le dioxyde de carbone ou l'oxygène, peuvent passer la barrière hémato-encéphalique sans encombre. Les grosses molécules, comme les acides aminés ou le glucose, ne pénètrent que grâce à des transporteurs spécifiques.

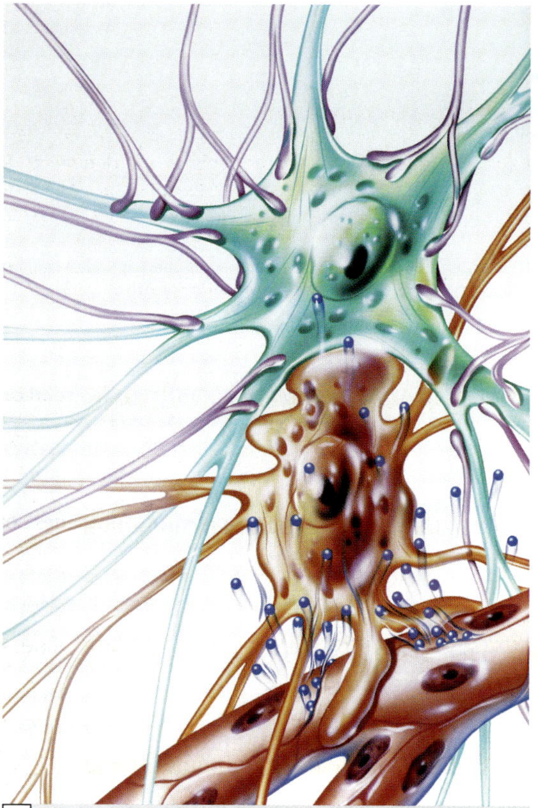

Les parois des capillaires du cerveau peuvent laisser passer certaines substances pharmacologiques (en bleu). Celles-ci passent par l'astrocyte (en orange) qui trie les molécules qui pénètrent dans le neurone (en vert).

a barrière hémato-encéphalique 'est cependant pas présente dans out le cerveau. Elle se relâche par xemple au niveau de l'hypophyse, ndue ainsi capable de détecter la résence de substances toxiques dans sang. Pour pénétrer dans le cer- eau, les molécules psychoactives oivent être donc suffisamment etites, ou bien capables d'utiliser les ansporteurs actifs grâce à leur res- emblance avec certaines molécules e l'organisme.

Effet placebo

Pour connaître l'efficacité réelle d'un médicament, les médecins divisent en deux groupes les patients testeurs : les uns reçoivent le médicament, les autres un produit à l'apparence strictement identique, mais dépourvu de tout principe actif, le placebo. Suivant les cas, entre 10 et 90 % des malades sous placebo voient leur état s'améliorer. La toux, les ulcères d'estomac, les douleurs, l'hypertension y sont particulièrement sensibles. Si l'on se doute que la suggestion et d'autres phénomènes psychologiques jouent un rôle, nul ne sait expliquer l'effet placebo.

ction ciblée

es substances pharmacologiques psychoactives interviennent au niveau des synapses. elles que l'on appelle des « agonistes » augmentent l'efficacité de la transmission naptique, tandis que les « antagonistes » la diminuent. Parmi les agonistes, certains imulent la fabrication du neurotransmetteur, d'autres inhibent son retour dans membrane pré-synaptique, d'autres bloquent sa dégradation. Parmi les antagonistes, rtains bloquent la synthèse du neurotransmetteur ou sa libération dans la fente naptique, d'autres désactivent le récepteur post-synaptique en prenant la place u neurotransmetteur, d'autres enfin accélèrent la dégradation de celui-ci.

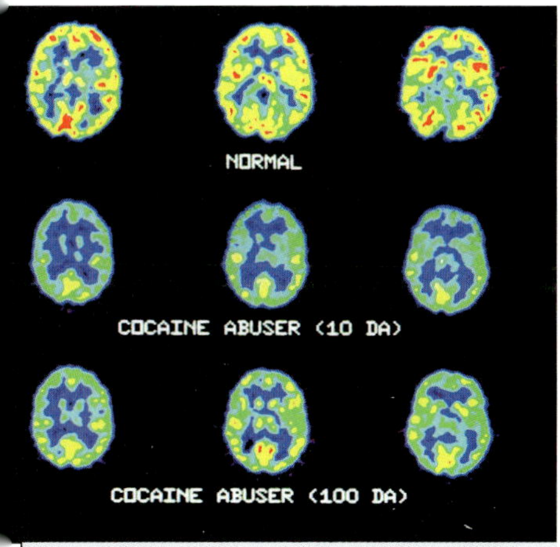

La prise de cocaïne affecte le cerveau durablement. Ces images obtenues par tomographie par émission de positrons montrent l'activité d'un cerveau normal (en haut), d'un cerveau 10 jours après la prise de cocaïne (milieu), puis 100 jours après (en bas).

Plus ou moins efficace

L'efficacité d'un psychotrope dépend du sexe de la personne, de son âge, de son poids et de son métabolisme propre. Les femmes, soumises à un équilibre hormonal différent de celui des hommes, et en moyenne plus petites, sont souvent deux fois plus sensibles que les hommes aux psychotropes. De même les personnes âgées, qui dégradent moins bien ces substances. La voie d'administration détermine elle aussi l'efficacité d'un produit. L'ingestion (qui implique une dégradation partielle au niveau des voies digestives, puis une dilution dans le sang) s'avère moins efficace que la prise par suppositoires ou l'inhalation. Mais la plus efficace de toutes les méthodes reste l'injection en intraveineuse, ou, mieux encore, l'injection directe dans le cerveau.

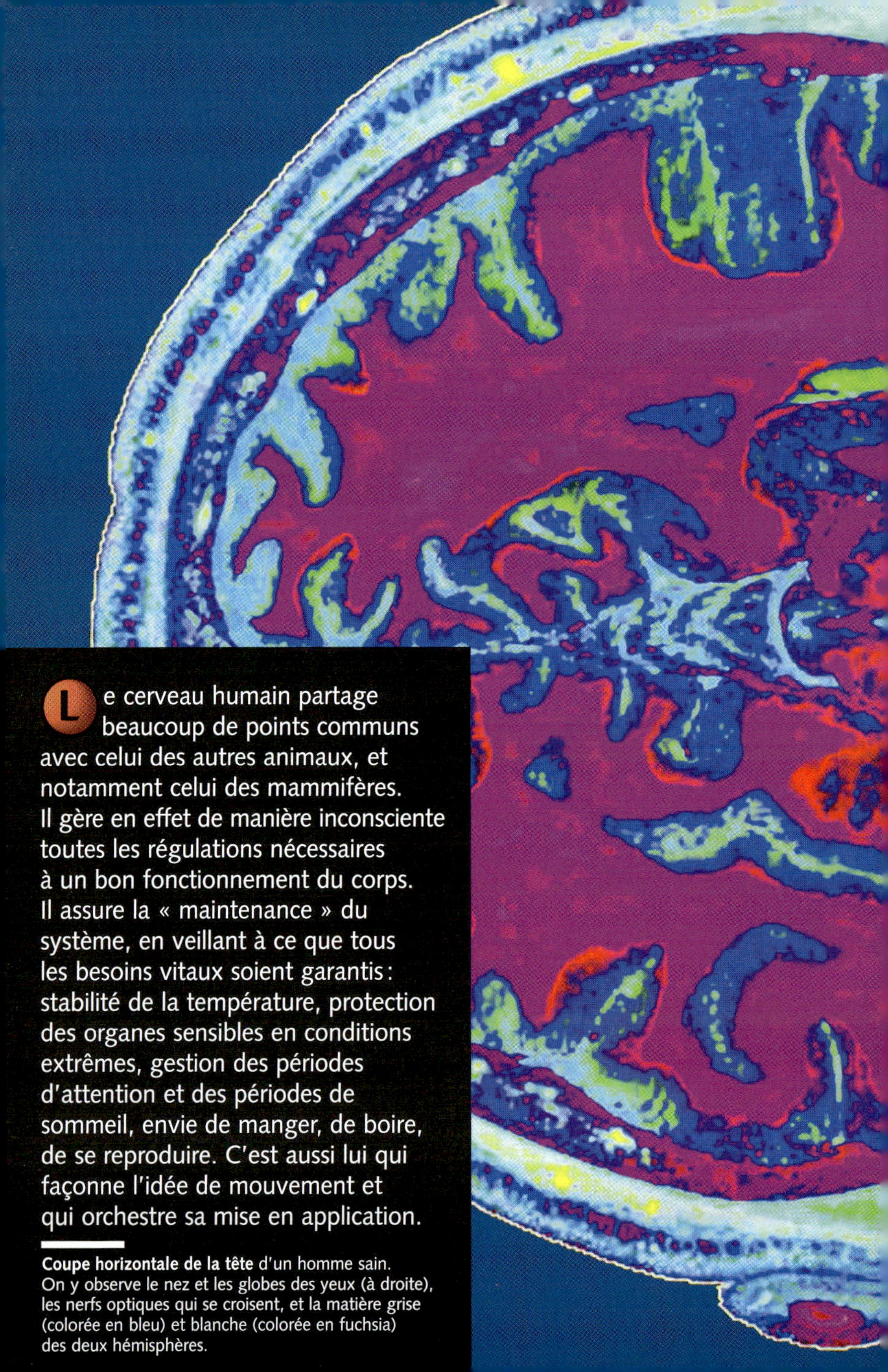

Le cerveau humain partage beaucoup de points communs avec celui des autres animaux, et notamment celui des mammifères. Il gère en effet de manière inconsciente toutes les régulations nécessaires à un bon fonctionnement du corps. Il assure la « maintenance » du système, en veillant à ce que tous les besoins vitaux soient garantis : stabilité de la température, protection des organes sensibles en conditions extrêmes, gestion des périodes d'attention et des périodes de sommeil, envie de manger, de boire, de se reproduire. C'est aussi lui qui façonne l'idée de mouvement et qui orchestre sa mise en application.

Coupe horizontale de la tête d'un homme sain. On y observe le nez et les globes des yeux (à droite), les nerfs optiques qui se croisent, et la matière grise (colorée en bleu) et blanche (colorée en fuchsia) des deux hémisphères.

Les fonctions de base

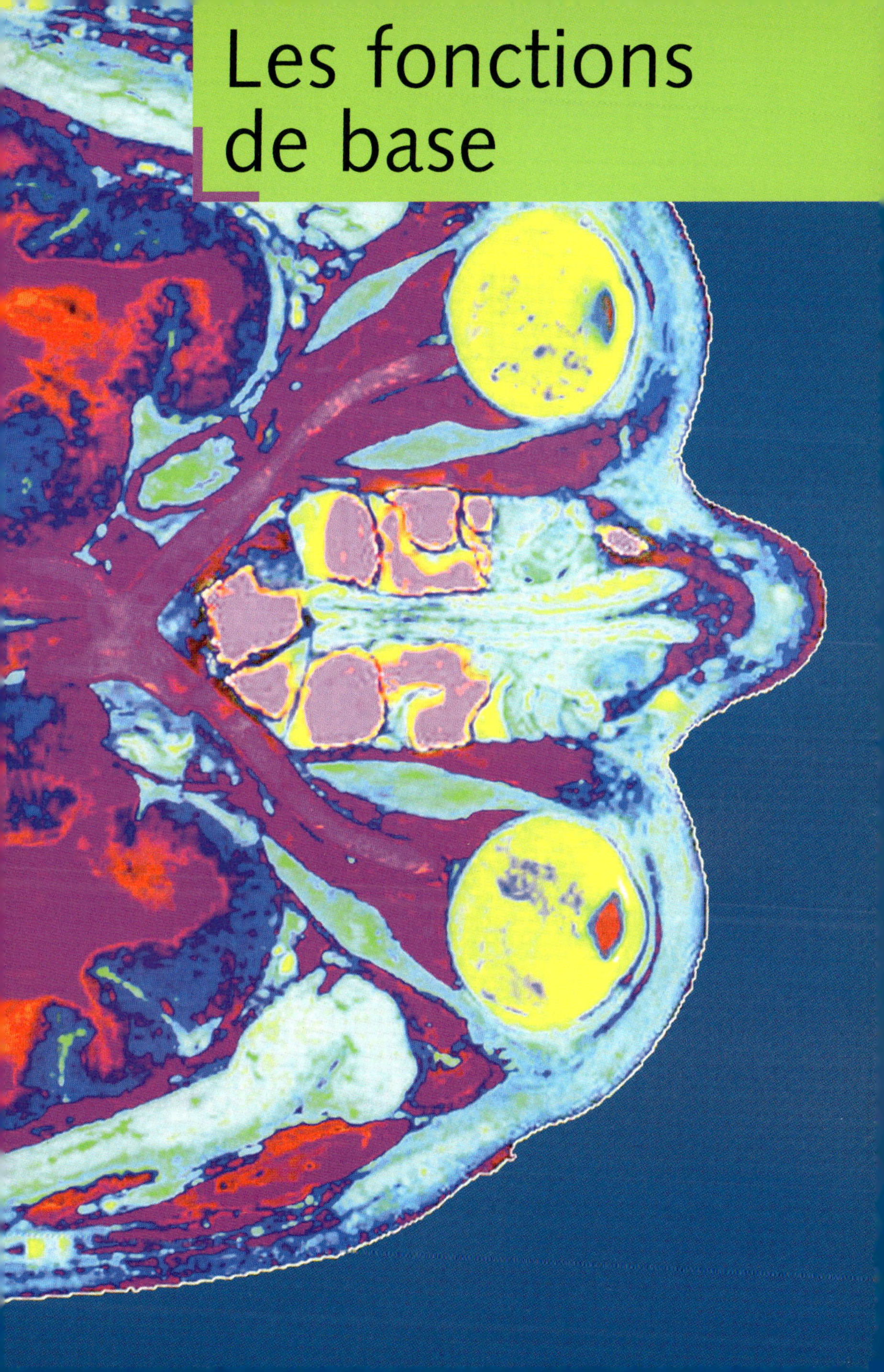

Les mécanismes inconscients

Le cerveau végétatif gère tous les mécanismes inconscients qui nous permettent de survivre : respiration, rythme biologique, digestion, etc.

Le cerveau végétatif

Le système végétatif, dit aussi autonome, contrôle les fonctions involontaires et inconscientes. Il agit, contrairement au système moteur (qui supervise les mouvements du corps), de manière diffuse, lente, et multiple. Il innerve le cœur, les muscles de la paroi des vaisseaux sanguins, les muscles du tube digestif et des poumons, et les glandes. Il agit ainsi sur le rythme cardiaque, la circulation sanguine, la digestion, les excrétions, la respiration, la sécrétion d'hormones. Une zone du cerveau, l'hypothalamus régule et coordonne tout le système nerveux végétatif. Il est responsable du maintien à un niveau stable des conditions internes : température, composition et volume du sang, etc. Pour cela, il est en relation constante avec les conditions internes et externes grâce à un réseau de nerfs sensitifs desservant les organes. Il agit par ailleurs sur ces conditions grâce à deux groupes de nerfs distincts : le système sympathique

Même au repos, le cerveau travaille : il gère la température du corps, le rythme respiratoire et cardiaque, orchestrant le rythme veille/sommeil qui ponctue nos journées.

le système parasympathique. ıaque groupe emprunte un emin différent, mais aboutit ıx mêmes organes. Fonction-.nt à la noradrénaline et à drénaline, le système sympa-ique, afin de préparer l'orga-ısme à répondre à une situa-ın de stress, accélère le :hme cardiaque, stimule la cir-lation du sang et la sudation, esse les poils. À l'inverse, le stème parasympathique met rganisme au repos. Il diminue rythme cardiaque, stimule la gestion, et est activé pen-nt le sommeil. Le neuro-ınsmetteur privilégié de ce stème est l'acétylcholine.

r ailleurs, l'hypothalamus ıe un rôle important dans rganisation temporelle. Il ssède en effet des cellules rveuses qui, comme des hor-ges, envoient des signaux rticuliers à chaque période la journée. Il permet de réguler le taux des hormones, la température du corps, ıtes les caractéristiques qui varient au cours d'une journée.

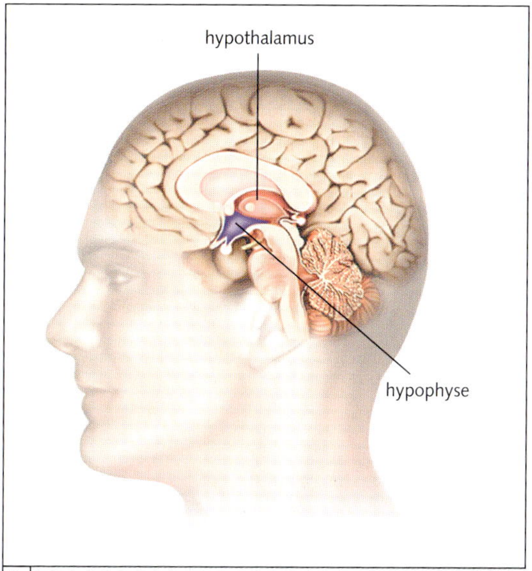

L'hypothalamus et l'hypophyse échangent des informations pour régler le taux des hormones circulant dans les vaisseaux sanguins.

e cerveau hormonal

ypothalamus communique aussi avec le corps par l'intermédiaire neurohormones, c'est-à-dire de substances sécrétées par des neurones, mais qui ıt déversées dans le sang comme des hormones : il s'agit de la vasopressine et de cytocine. La vasopressine contrôle les volumes de sang et d'urine. Des cellules situées ns l'hypothalamus sont en effet sensibles à la concentration du sang en sels. Si cette concentration augmente, c'est que l'organisme manque d'eau. L'information est alors véhiculée jusqu'aux neurones de l'hypothalamus qui libèrent de la vasopressine dans le sang. Cette dernière atteint les reins où elle stimule la rétention d'eau et diminue la production d'urine. L'ocytocine, quant à elle, contrôle chez la femme l'utérus et les glandes mammaires. Elle provoque les contractions lors de l'accouchement et l'excrétion du lait. L'hypothalamus joue également un rôle sur les hormones de l'organisme en contrôlant l'hypophyse. Cette glande située à la base du crâne libère dans le sang toute une série d'hormones qui agissent elles-mêmes sur les sécrétions d'autres glandes : testicules, ovaires, thyroïde, glandes mammaires, etc.

EXIQUE

ypothalamus]
égion située au centre ı cerveau, contrôlant système nerveux gétatif et une partie ı système hormonal.

ypophyse]
ande située à la base ı cerveau et produi-nt des hormones.

La thermorégulation

C'est un vieux reste de notre évolution : le dressage des poils devait permettre à nos ancêtres de terrifier nos ennemis en nous faisa paraître plus gros que nous ne l'étions. La peu déclenche toujours, chez l'homme, cette réaction devenue inutile.

Les mammifères, souvent qualifiés d'animaux au sang chaud, possèdent une température corporelle stable. Cette caractéristique leur permet de s'adapter à des températures élevées sans que les réactions chimiques internes ne s'emballent, et de supporter le froid sans être obligés d'hiberner. La thermorégulation exige cependant une dépense d'énergie importante. C'est l'hypothalamus qui contrôle la température du corps grâce à des capteurs sensibles à la chaleur et met éventuellement en route des mécanismes de régulation.

En cas de froid, il contrôle par exemple les muscles des follicules pileux, ce qui permet de redresser les poils pour augmenter la couche de chaleur à la surface du corps. C'est la chair de poule. Ce mécanisme, très efficace chez les animaux à poils et à plumes, n'est d'aucune utilité pour l'homme (il n'est qu'un héritage de l'évolution). Plus utiles sont les frissons : ils nécessitent de dépenser de l'énergie musculaire, ce qui produit de la chaleur ; ils stimulent également la constriction des vaisseaux sanguins de la peau pour éviter la perte de chaleur en surface, et concent la circulation sanguine à l'intérieur, au niveau des organes vitaux (la peau, qui contient moins de sang, devient moins rouge et bleuit). Ces mécanismes involontaires de thermorégulation restent cependant restreints, puisqu'ils ne permettent à l'homme de maintenir sa température que s'il fait plus de 15 °C. Au-delà, une réaction volontaire (habillement, construction, mouvements) est nécessaire. À l'inverse, s'il fait chaud, les vaisseaux sanguins de la peau conduisent un maximum de sang vers la surface, où il se rafraîchira. La sudation permet également d'évacuer une partie de la chaleur interne.

La fièvre

Lors d'une attaque virale (grippe par exemple), la température du corps monte rapidement, atteint un plafond, puis revient à la normale. Curieusement, lorsque la température augmente, le malade a une sensation de froid et frissonne. En revanche, quand la fièvre baisse, il a chaud et transpire. On suppose en effet que le virus dérègle le système de maintien de la température : il fixe la température de consigne à 40 °C, et, tant qu'il est en dessous de cette température, le corps a froid. Arrivé à 40 °C, le malade se sent mieux. Lorsque l'effet du virus s'affaiblit, la température de consigne redevient 37 °C : l'organisme se rend alors compte qu'il est en fait 3 °C plus chaud que la température normale.

La prise alimentaire

Lorsque vous vous mettez à la diète, vous maigrissez. Mais, dès que vous arrêt le régime, vous avez tendance à vous suralimenter pour retrouver un taux de graisses équivalent au précédent.
L'inverse est également vrai : si l'on se for à manger pendant quelque temps, un retour vers un régime « normalisé » s'accompagne d'une forte baisse d'appét le temps de retrouver l'équilibre de dépar Il existe donc un mécanisme de régulatio de l'appétit. Ce mécanisme passe par l'hypothalamus. En effet, les cellules stockeuses de graisse, les adipocytes, sécrètent une hormone appelée « leptine

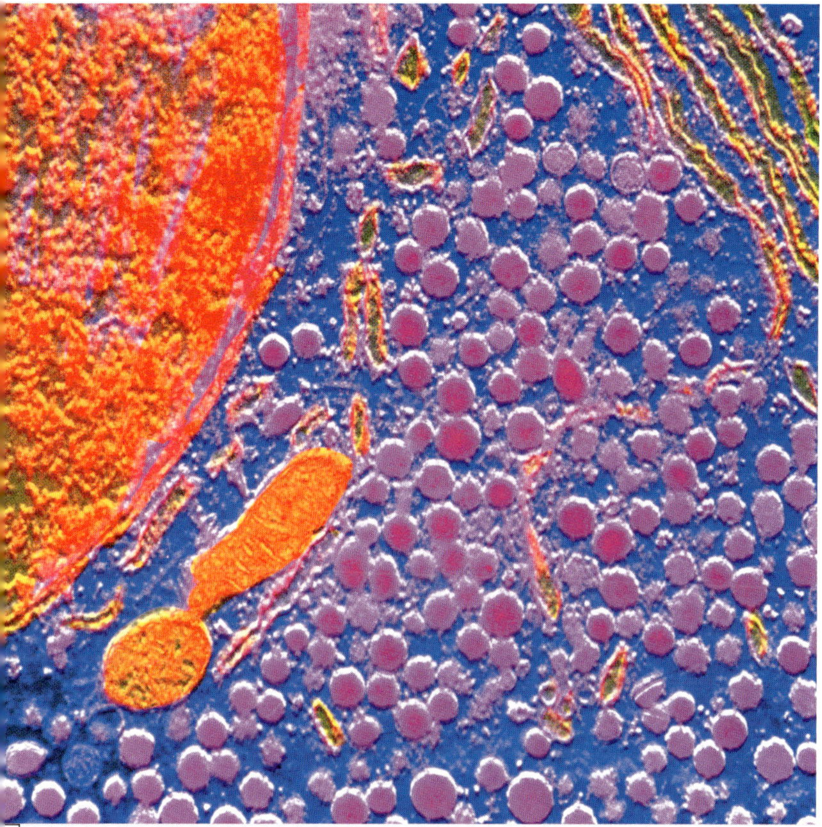

Cette cellule (colorée en orange) est une cellule de l'hypophyse. Elle libère des hormones (en rose) dans son environnement, hormones qui agiront sur les organes sexuels.

Quand son taux dans l'organisme est élevé, certains neurones de l'hypothalamus sensibles à la leptine provoquent la libération d'hormones qui diminuent l'appétit et augmentent la dépense énergétique des cellules. Quand le taux de leptine est faible, ces neurones libèrent d'autres hormones à l'effet contraire.
Cette régulation neurohormonale de la prise alimentaire n'est cependant pas la seule à déterminer la prise alimentaire et de nombreux autres facteurs (culturels, psychologiques, physiologiques) entrent en jeu.

Survivre au froid

En cas de froid extrême, la chaleur du corps se concentre dans les zones vitales. Pour limiter les échanges de chaleur entre la peau et l'extérieur, les vaisseaux cutanés se contractent au point de réduire considérablement les apports en oxygène des tissus de surface, lesquels, privés d'oxygène, meurent. Ce sont les fameuses engelures.

Bouger !

Le contrôle des mouvements de notre corps nécessite en parallèle le contrôle constant de l'environnement dans lequel nous évoluons : notre cerveau se charge de tout.

Des séquences en rafale

Saisir un crayon nécessite l'intervention de nombreux muscles : du bras, de la main, des yeux pour suivre le mouvement, voire de tout le corps pour ne pas être déséquilibré ! Cette succession de mouvements s'avère bien trop rapide pour qu'ils soient préparés individuellement en fonction de chaque information en provenance de l'environnement. Les mouvements s'organisent donc en séquences qui s'enchaînent en rafale pendant qu'une séquence est exécutée les autres sont préparées. C'est le cas par exemple lorsque nous parlons : au moment même où nous énonçons une phrase, nou préparons la suivante Plusieurs systèmes fonctionnent donc en parallèle. Les signaux correspondant à une séquence de mouvements (ou séquence motrice) voyagent de l'avant du crâne vers l'arrière.

L'équilibre, le mouvement, la coordination des bras et des jambes qui poursuivent le ballon impliquent des mécanismes cérébraux extrêmement complexes, réalisés pourtant inconsciemment.

Au niveau du front, le cortex préfrontal planifie la séquence de mouvements. Il ne détermine pas les mouvements précis, mais décide d'effectuer telle action à tel momen (par exemple saisir la pomme la plus rouge au-dessus de l'étagère). Puis, situé en arrière, le cortex prémoteur prend le relais pour organiser les séquences motrices. Il va déterminer une séquence générale (pour suivre notre exemple : se hausser sur la pointe des pieds et lever la main). La séquence de mouvements est ensuite exécutée par le cortex moteur primaire, qui coordonne les différentes parties du corps impliquées dans la réalisation.

LEXIQUE

[Séquence motrice] Séquence de plusieur mouvements considéré comme un tout par l cerveau.

Réflexe locomoteur

Maintenez un nouveau-né debout au-dessus d'un tapis roulant : il marche ! La locomotion est en effet un réflexe (un mouvement involontaire), qui ne nécessite pas le passage du signal par le cerveau, largement immature à cet âge. La séquence locomotrice est entièrement codée par un réseau de neurones propre à chaque jambe (des motoneurones).

Un homme dans le cerveau

L'*homonculus* est une représentation dans le cortex moteur primaire des différents muscles du corps. C'est ainsi qu'une stimulation électrique d'un endroit particulier de ce cortex déclenche le mouvement du muscle concerné. Certaines parties du corps y sont nettement plus représentées : il s'agit de celles impliquées dans des mouvements précis (mains, pieds, doigts, lèvres, langue). Il semble que plusieurs parties du cortex possèdent leur propre *homonculus* ; chacune contrôlerait alors un type particulier de mouvement.

Du cortex aux muscles

Les signaux élaborés dans les neurones du cortex moteur primaire empruntent des axones qui se projettent dans la moelle épinière. Au cours de ce trajet, de nombreux axones changent de côté : c'est ainsi que l'hémisphère droit contrôle essentiellement les mouvements du côté gauche du corps, et vice-versa. Des embranchements se succèdent le long de la moelle épinière. L'axone du neurone cérébral transfère l'information (par le biais de synapses) à un interneurone qui lui-même la transmet à un ou plusieurs motoneurones (neurones impliqués dans la motricité) qui projettent leur axone hors de la moelle épinière jusqu'aux muscles cibles.

Le mouvement peut être ajusté par le cervelet. Cette structure est innervée à la fois par le cortex moteur et par des neurones en provenance des récepteurs sensoriels. Il reçoit donc deux informations : l'une concernant le mouvement imaginé, l'autre le mouvement réellement effectué. En faisant la comparaison entre ces deux mouvements, il aide le corps à « corriger le tir ».

Homonculus

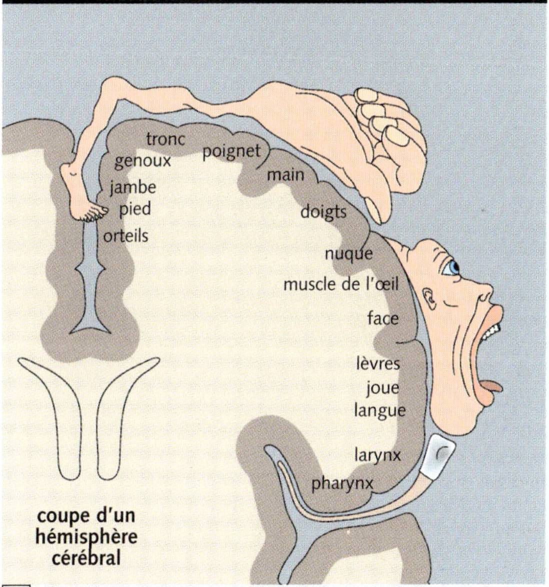

Il existe, dans plusieurs zones du cerveau, des représentations de notre corps : corps sensible, corps moteur (ici représenté), etc. Ces représentations, appelées « homonculus », sont proportionnelles à la richesse de leur innervation.

Les sensations

S'ils possèdent des récepteurs spécifiques, les 5 sens arrivent tous sous forme d'impulsions électriques dans le cerveau. Charge à lui de reconstruire une représentation cohérente du monde…

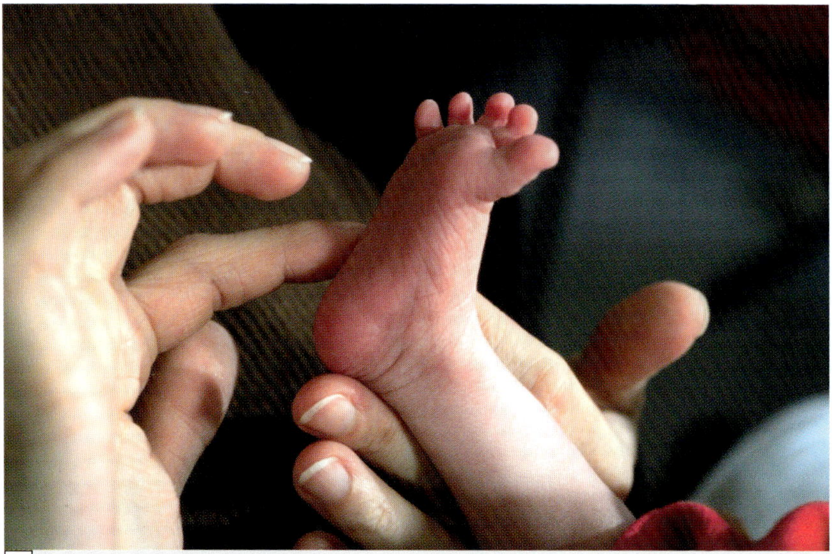

La caresse de certaines zones développe la sensibilité tactile et peut procurer du bien-être, aux tout-petits comme aux plus grands.

Le toucher

La plupart des récepteurs du corps réagissent au mouvement : quand ils sont étirés, pressés, leurs canaux s'ouvrent, laissant passer des particules chargées, ce qui crée le signal nerveux électrique. Ces récepteurs sont en fait des terminaisons nerveuses. Ils sont donc capables de véhiculer le signal électrochimique ainsi généré. On en trouve dans tout le corps. Sur la peau, ils contrôlent le toucher. Au niveau de la vessie, ils informent de son degré de tension. Dans le cœur ou dans les vaisseaux sanguins, ils donnent des indications de pression. Il existe plusieurs types de récepteurs mécaniques, les uns étant plus sensibles à l'étirement, les autres à la tension, d'autres à la pression, et ils possèdent des champs de réception plus ou moins étendus : ces caractéristiques nous permettent de distinguer une piqûre d'un coup, une caresse d'un pincement. Cette interprétation a lieu dans une zone

LEXIQUE

[Nocicepteurs]
Récepteurs des stimulus potentiellement dangereux, en général liés à la sensation de douleur.

Membres fantômes

Il arrive souvent aux personnes amputées de souffrir du membre manquant.
Cette douleur est interprétée comme une réorganisation de la zone du cortex où aboutissaient les sensations venues de ce membre. Des médecins français ont montré qu'en donnant l'illusion au cerveau de retrouver les mouvements du membre manquant, ces douleurs étaient nettement atténuées.
Il s'agit alors d'associer à une volonté de bouger le membre manquant la visualisation de son mouvement virtuel (on filme le mouvement du membre symétrique existant, puis on projette l'image en l'inversant, ce qui donne l'illusion au patient de retrouver un membre fonctionnel).
Huit semaines d'entraînement ont ainsi permis au cerveau des malades de redonner la place d'antan au membre perdu, et de supprimer les fausses interprétations.

du cerveau appelée « cortex somatosensoriel primaire ». On y trouve des aires dédiées à la détection de la texture, d'autres qui interprètent les stimulations en termes de forme et de taille.

La douleur

Contrairement à ce que l'on pourrait penser, les récepteurs de la douleur sont distincts des récepteurs du toucher. Ils ont été baptisés « nocicepteurs ». Il s'agit de terminaisons nerveuses dont la membrane est activée en cas de stimulations mécaniques intenses, de températures extrêmes, de manque d'oxygène ou en cas d'exposition à certaines substances. Toutes ces situations provoquent l'ouverture de canaux ioniques, et la naissance d'un signal électrochimique. Il est intéressant de remarquer que les récepteurs du toucher et les nocicepteurs possèdent des réseaux communs : on a ainsi constaté qu'il est utile de frotter une zone douloureuse, car la stimulation des récepteurs mécaniques provoque l'inhibition partielle du signal douloureux. La douleur est essentielle, puisqu'elle permet à l'organisme de prendre conscience d'un danger ou de réagir dès qu'une altération peut se faire sentir. De très rares personnes naissent avec un déficit dans la perception de la douleur, qui peut être dû à un taux d'endorphines (hormones antidouleur sécrétées par le cerveau) élevé, à un manque de voies nerveuses impliquées dans la perception de la douleur ou à une lésion de la zone du cerveau spécialisée dans le traitement de la douleur. Ces personnes meurent souvent jeunes.
Un des dangers provient notamment de l'incapacité à changer de position ou de mouvement quand les articulations fatiguent, d'où une détérioration rapide du squelette.

La saveur

Le goût d'un aliment dans la bouche est le résultat de plusieurs stimulations : l'odeur, la saveur, l'arôme, la température, etc. La saveur seule est détectée sur la langue par les papilles gustatives. Ces papilles sont des petites excroissances réparties sur la surface de la langue et qu'il est aisé d'observer dans une glace. La langue humaine compte entre 2 000 et 5 000 papilles. Chaque papille concentre plusieurs centaines de bourgeons gustatifs, sur lesquels on trouve une centaine de récepteurs du goût. Ce sont ces récepteurs qui captent les molécules sapides (du latin signifiant "saveur").
On a longtemps cru que ces récepteurs reconnaissaient spécifiquement une des 4 saveurs de base : le sucré, le salé, l'acide et l'amer. Mais la réalité est plus complexe et on a découvert de nouveaux récepteurs des saveurs, ce qui nous permet de distinguer une palette très riche de saveurs différentes. Chaque récepteur fonctionne en tout cas de la même manière : si la saveur correspondante est présente dans la salive à une concentration suffisante, il est excité. L'excitation se traduit par la dépolarisation ou l'hyperpolarisation de la membrane de la cellule réceptrice, qui génère un potentiel

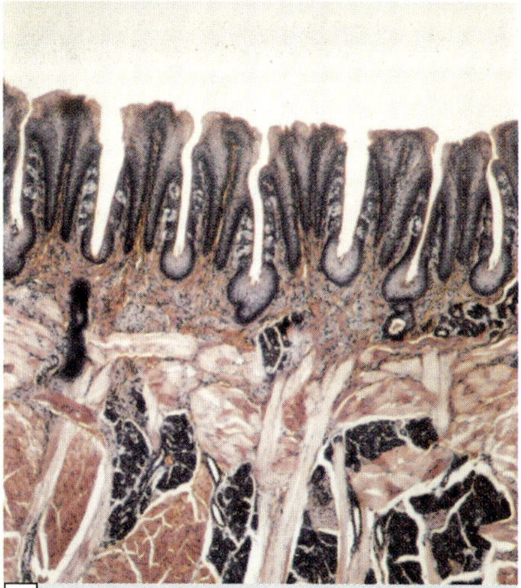

Chaque papille est entourée de profonds sillons (jaune clair) dont les parois renferment les bourgeons gustatifs superposés.

d'action. Les potentiels d'action sont véhiculés par trois paires de nerfs, qui pénètrent dans le tronc cérébral, passent par le thalamus puis rejoignent le noyau gustatif.
À partir de là, l'information diverge : vers le cortex grâce auquel on prend conscience du goût, vers le tronc cérébral impliqué dans des réponses inconscientes (salivation, vomissement, déglutition), vers l'hypothalamus qui gère la motivation à se nourrir.

L'olfaction

L'organe de l'olfaction est une fine membrane qui tapisse le plafond de la cavité nasale. Il s'agit de l'épithélium olfactif. On y trouve des cellules réceptrices, de véritables neurones qui projettent leur axone directement vers le système nerveux central.
Contrairement aux autres sens, l'olfaction va directement vers le cortex, et ce n'est qu'ensuite qu'elle transite par le thalamus. C'est sans doute grâce à cette configuration particulière que le système olfactif joue un rôle important dans des zones du cortex primaire impliquées dans l'émotion, la motivation, et certaines formes de mémoire.

Odeurs corporelles

Le corps libère des substances chimiques qui induisent des comportements particuliers. Ces substances sont des phéromones, très utilisées chez les animaux pour la recherche de partenaires sexuels, le marquage du territoire, l'identification des individus. Il semble que l'homme soit lui aussi sensible à ces phéromones. Il possède en effet une région sensible aux phéromones, l'organe voméronasal, à l'intérieur de la cavité nasale. Les cellules sensibles qu'on y trouve transmettent leur information jusqu'à l'hypothalamus. On a ainsi montré que, lorsque l'on mettait des femmes en présence de l'odeur corporelle d'autres femmes, leurs cycles menstruels avaient tendance à se synchroniser : ce mécanisme (qui a pu s'avérer utile à un moment de notre évolution) apporte la preuve que notre organisme continue de percevoir les odeurs des autres de manière inconsciente.

Pouah !

Faites ingérer de l'eau sucrée à un rat, puis injectez-lui une dose de chlorure de lithium. Cette injection le rendra malade. Si vous lui donnez ensuite le choix entre de l'eau pure et de l'eau sucrée, il évitera l'eau sucrée, associée pour lui au malaise.
C'est l'aversion gustative conditionnée.
Une aversion que de nombreuses personnes ont expérimentée : rendues malades par l'ingestion d'huîtres avariées, elles ressentent un dégoût spontané pour ce mets.
Un mécanisme fort utile pour tous les animaux qui doivent apprendre à éviter les nourritures toxiques.

Les voies de l'olfaction

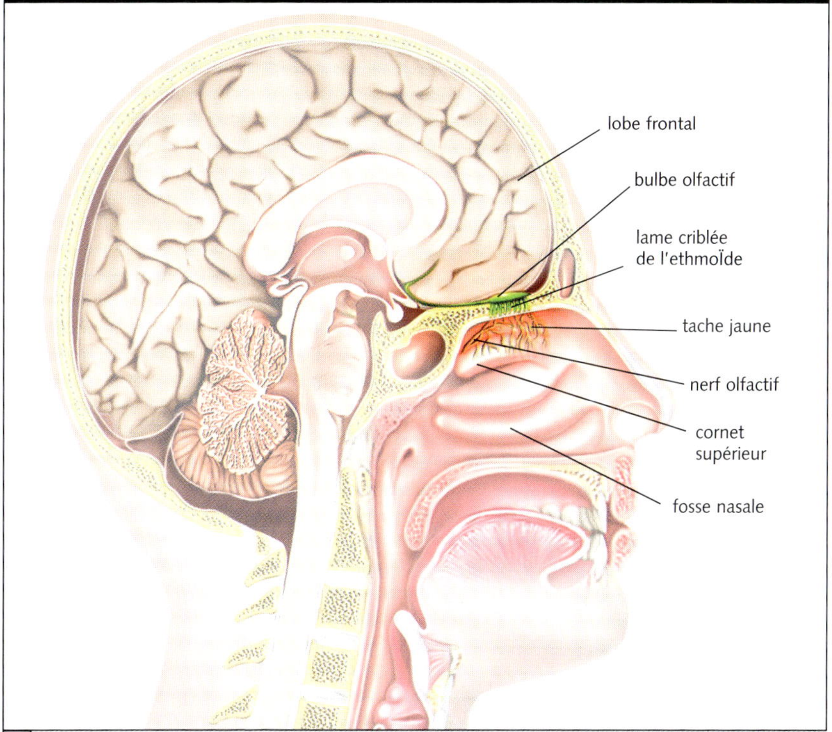

La perception des odeurs commence par la dilution des molécules odorantes dans le mucus du nez, où des cellules sensibles en forme de poils captent les molécules odorantes. Ces cellules envoient leur information au cerveau, où elle prendra sens.

La vision

La lumière pénètre dans l'œil après avoir traversé plusieurs organes transparents. Elle est projetée sur une membrane située au fond de l'œil, la rétine. La rétine est tapissée de cellules sensibles à la lumière. Chez l'homme, ces cellules sont de deux types : les bâtonnets et les cônes. Les cônes sont les cellules qui nous permettent de percevoir la couleur. Certains cônes sont plus sensibles aux longueurs d'ondes correspondant au bleu, d'autres au vert, et d'autres enfin au rouge. C'est en comparant les différents degrés de stimulation de ces trois types de cônes que le cerveau fait sa propre interprétation sous forme de milliers de nuances colorées. Les bâtonnets, eux, n'existent qu'en une seule catégorie. Ils sont particulièrement sensibles aux différences de luminosité. La région centrale de la rétine, plus riche en cônes, est connectée à une aire cérébrale spécialisée dans la reconnaissance des couleurs et des

LEXIQUE

[Thalamus]
Gros noyau gris situé à la base du cerveau, jouant un rôle dans la transmission des messages sensitifs au cortex.

Les voies de la vision

Une fois que la lumière a percuté la rétine, l'information visuelle circule dans le système visuel par le nerf optique. Une partie de l'information visuelle est croisée au niveau du chiasma optique pour assurer la vision en trois dimensions. Par l'hémisphère gauche et par l'hémisphère droit, elle rejoint les lobes occipitaux où elle est traitée.

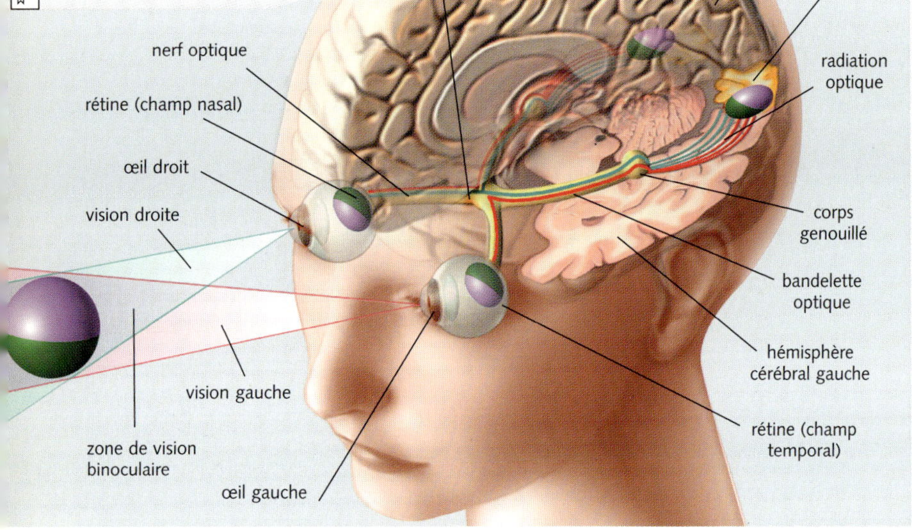

détails. La région périphérique envoie ses informations à une zone voisine du cortex visuel, spécialisée dans l'analyse des mouvements, des formes, des différences de luminosité.

L'audition

Lorsque les ondes sonores font vibrer le tympan, la vibration se transmet au liquide qui baigne la cochlée. La cochlée est un organe en colimaçon peuplé de cellules ciliées. Ces cellules constituent les récepteurs des sons. Chacune est surmontée d'une centaine de cils dressés, d'où leur nom. Ces cils s'inclinent sous la vibration sonore, chacun étant plus particulièrement sensible à une fréquence.

Lorsqu'ils s'inclinent dans un sens, la cellule est dépolarisée et, s'ils s'inclinent dans l'autre sens, elle s'hyperpolarise. Les cellules ciliées forment des synapses sur les neurones auditifs ganglionnaires situés au niveau de l'oreille. Ce sont ensuite les axones de ces neurones qui forment le nerf auditif, lequel véhicule le signal jusqu'au tronc cérébral, d'où il rejoint le thalamus puis le cortex auditif primaire.

Tout au long de ce trajet se succèdent de nombreux relais synaptiques grâce auxquels l'information auditive subit de nombreuses transformations.

Les cellules ciliées se présentent sous la forme de petites rangées de poils. Sensibles au bruit, elles sont implantées dans l'oreille interne. C'est leur mouvement, sous l'effet des ondes sonores, qui provoque la formation d'un signal électrochimique.

Les illusions d'optique

La prise de vue qui s'inscrit au fond de la rétine est médiocre : en dehors d'une zone réduite au centre, l'image est floue et grise, elle est à l'envers et amputée d'une tache aveugle qui correspond à l'implantation du nerf optique. Les mouvements incessants de l'œil la font tressauter. Heureusement, le traitement cérébral redonne cohérence à l'ensemble et donne l'impression que l'image est stable, nette, colorée, entière. Il arrive que le système visuel en fasse un peu trop : c'est le cas des illusions visuelles. C'est ainsi que la Lune semble grossir quand elle se rapproche de l'horizon. Lorsqu'elle est au zénith, le cerveau enregistre sa taille apparente réelle. Mais, dès qu'elle s'approche du paysage, il l'interprète comme un énorme ballon lumineux situé juste derrière lui, et cela nous donne l'illusion d'un astre gigantesque.

Les acouphènes

Les cellules ciliées de l'oreille peuvent, si elles ont été lésées suite à l'exposition à des sons trop forts (explosion, musique, bruits de machines), à des maladies ou des substances toxiques, être prises de mouvements spontanés. Elles vibrent et produisent donc un son qui est transmis à l'oreille interne. La personne perçoit des acouphènes, des sons qu'elle produit elle-même. Il semble que certains neurones du cerveau sont capables de distinguer entre les mouvements spontanés des cellules ciliées et les mouvements provoqués par une vibration sonore. Les personnes qui ont cette capacité sont insensibles aux acouphènes.

Plaisir et récompense

Nos actions sont motivées par la recherche d'une récompense, d'une satisfaction. Récompense et plaisir sont liés, mais ce lien reste encore obscur.

Le moteur de l'action

Qu'est-ce qui nous pousse à agir? La recherche de la récompense, répondent les neurologues. La récompense peut être définie comme un événement auquel est associée une nuance affective positive, par exemple l'acte sexuel, la consommation de nourriture chez quelqu'un ayant faim ou la mise hors de danger.
Deux systèmes semblent prendre une place particulièrement importante dans la motivation de l'action: le circuit de la récompense et le circuit de la punition. La perspective d'une action pouvant apporter une récompense active le désir, qui provoque l'action puis la sensation de satisfaction. De l'autre côté, la perspective d'un danger provoque la fuite si possible, et, sinon, la lutte. La réussite d'une de ces deux stratégies apporte également la satisfaction. Le circuit de la récompense fait participer le thalamus, l'amygdale, le cortex préfrontal ainsi que d'autres noyaux. Tous ces centres sont reliés à l'hypothalamus, qui génère des productions d'hormones et agit sur le système végétatif. Le circuit de la punition passe également par l'hypothalamus, le thalamus et la substance grise centrale. Il utilise l'acétylcholine, un neuromédiateur qui active le système végétatif en cas de lutte ou de fuite. Punition et récompense sont intimement liées: ces circuits possèdent de nombreuses interconnexions.
La perspective d'une punition peut ainsi inhiber le plaisir. La recherche de récompense est par ailleurs souvent associée à des circuits dits « dopaminergiques », qui sont formés de neurones dopaminergiques. On a constaté, lors d'expériences sur des animaux, que la destruction de ce type de neurones réduit le comportement de recherche de nourriture. On décrit souvent la dopamine (dans les neurones dopaminergiques) comme le neurotransmetteur du plaisir, mais son rôle exact dans la motivation ou le plaisir reste énigmatique.

La nature du plaisir

La récompense est en général associée au plaisir, mais pas de façon systématique: c'est le cas par exemple pour des alcooliques qui ont besoin de boire, mais ne ressentent plus aucun plaisir. Des expériences rares de stimulations électriques de certaines zones du cerveau chez l'homme (effectuées principalement dans des cas d'épilepsie) ont permis de confirmer que stimuler le circuit de la récompense peut produire des sensations de plaisir proches de l'orgasme, mais que cela n'est pas systématique, et que le plaisir ressenti est le plus souvent incomplet.

La soumission

En cas de danger, il arrive que ni la lutte ni la fuite ne soient possibles. Dans ce cas, un troisième circuit est activé, qui inhibe l'action. Ce circuit provoque le *statu quo.* Il implique lui aussi l'amygdale, le cortex préfrontal et d'autres structures et utiliserait la sérotonine comme médiateur chimique. Selon certains neuropsychiatres, l'utilisation trop fréquente de ce système

La **sensation de plaisir** implique des circuits complexes encore mal cernés. .e qui est certain, en revanche, c'est que la recherche de plaisir constitue une source essentielle e motivation et d'action.

ıans des situations sociales diverses (qui exigent la soumission sans un mot) serait l'origine de troubles du comportement et de maladies psychosomatiques. n effet, ce circuit génère des taux de glucocorticoïdes (des hormones produites par la lande corticosurrénale) importants dans le sang. Or des taux élevés de cette hormone ıduisent une baisse du système immunitaire chargé de défendre l'organisme ɔntre les agresseurs étrangers. D'où la porte ouverte à la dépression, ɔire aux virus et aux bactéries...

Le sommeil et les rêves

Dormir est nécessaire afin de maintenir une bonne qualité d'éveil, et donc de vie. Cet état extrêmement organisé est, contre toute apparence, le moment d'une activité intense.

Que se passe-t-il lorsque nous dormons ?

Le sommeil est un état périodique de l'organisme au cours duquel les liens sensitifs et moteurs avec l'environnement se trouvent partiellement suspendus. Cet état est susceptible de s'arrêter à tout moment si la stimulation extérieure est suffisante (bruit, toucher, etc.). Au cours du sommeil, plusieurs groupes de neurones connaissent une activité électrique différente de celle caractéristique de l'éveil.

Les cycles du sommeil

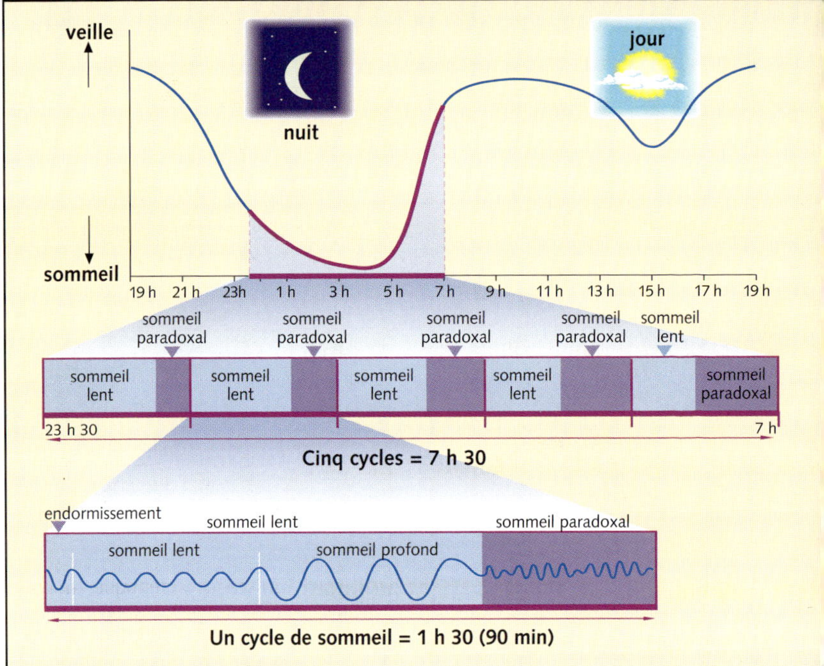

Au cours d'une nuit classique se succèdent en moyenne 5 cycles de sommeil, qui s'enrichissent au fur et à mesure en sommeil paradoxal, propice aux rêves.

Le sommeil de Napoléon

Napoléon est connu pour avoir été un petit dormeur. Il se couchait tard, se réveillait au bout de 2 ou 3 heures, travaillait, puis se recouchait. À partir de 43 ans, il a souffert d'endormissements intempestifs dans la journée. Selon certains spécialistes des maladies du sommeil, il était peut-être atteint d'apnée du sommeil, une maladie qui touche entre 2 et 4 % de la population et se manifeste par des arrêts respiratoires de plus de 10 secondes pendant le sommeil, des ronflements, des endormissements incontrôlés dans la journée et des réveils brutaux la nuit.

Pendant le sommeil lent, un ensemble de neurones situé à la base du cerveau (le noyau préoptique ventrolatéral) s'active. D'autres neurones (neurones à acétylcholine innervant l'ensemble du thalamus), qui émettent pendant l'éveil des potentiels d'action à haute fréquence, se taisent pendant la majeure partie du sommeil. D'autres enfin (neurones à noradrénaline, histamine et sérotonine) voient également leur activité sensiblement ralentie, voire annulée. Tout se passe comme si certains groupes de neurones parvenaient à inhiber l'activité d'autres groupes : le sommeil correspondrait à l'inhibition de l'éveil. Il semble que, en retour, les circuits de l'éveil soient capables d'inhiber les neurones du sommeil du noyau préoptique ventrolatéral.

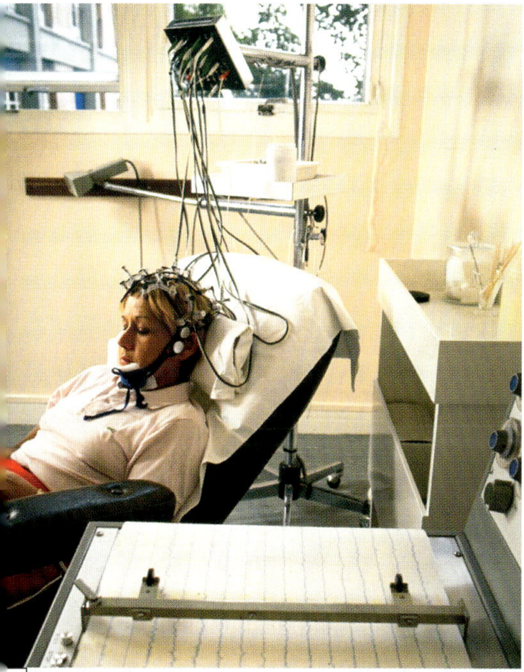

Dans les centres du sommeil des hôpitaux, les ondes cérébrales des patients en plein sommeil sont enregistrées. On peut y lire des anomalies et des caractéristiques : réveils fréquents, proportion du sommeil léger et profond, etc.

Des vagues de sommeil

Cette activité électrique différente peut être enregistrée de manière globale en apposant des électrodes sur le cuir chevelu. L'encéphalogramme ainsi enregistré montre que le sommeil s'avère extrêmement organisé. Il comprend plusieurs cycles d'environ 90 minutes, qui se répètent à raison de 4 ou 5 par nuit. Entre chaque cycle se produit un épisode d'éveil bref, souvent oublié au matin. Chaque cycle se déroule selon un scénario identique, au cours duquel se succèdent des phases identiques : endormissement, sommeil lent léger, sommeil lent profond et sommeil paradoxal. Sur l'électroencéphalogramme, l'endormissement est marqué par un ralentissement de l'activité cérébrale, qui devient plus ample. Le sommeil lent léger qui survient alors correspond à une succession d'ondes dont l'amplitude varie régulièrement.

Les fréquences cardiaques et respiratoires ralentissent, la température du corps baisse. Le sommeil lent profond s'installe. Il correspond à une activité électrique lente de grande amplitude. À ce stade, il est très difficile de réveiller le dormeur. Le sommeil paradoxal est, quant à lui, facilement reconnaissable à une activité proche de celle caractérisant la veille (rapide et de faible amplitude), mais aussi à des signes extérieurs : mouvements des yeux, secousses musculaires des pieds et des doigts, manque de tonus musculaire. Réveillé à ce stade, le dormeur raconte souvent des rêves.

LEXIQUE

[Électroencéphalogramme]
Technique d'enregistrement de l'activité électrique du cortex cérébral.

[Narcolepsie]
Affection caractérisée par des accès brusques de sommeil.

Pourquoi dormons-nous ?

Les études ne cessent de le montrer : contre toute attente, le sommeil est une période d'intense activité. Certes, les réserves énergétiques des cellules non sollicitées à ce moment en profitent pour se reconstituer. Le sommeil permet ainsi de récupérer de la fatigue journalière. Mais le sommeil paradoxal nécessite, lui, autant d'énergie que l'éveil.

À quoi sert-il ? Pour certains, il constituerait une sorte de révision des circuits neuronaux, permettant notamment à ceux qui sont peu utilisés de fonctionner pour éviter l'atrophie.

Pour d'autres, le sommeil permettrait au cerveau d'effectuer un tri des événements de la journée : les uns seraient mémorisés, les autres éliminés. Mais tout cela reste spéculatif.

Le rêve, source d'inspiration pour les artistes : ici, *le Sommeil de Caliban* (1895), illustration de *la Tempête* de W. Shakespeare, d'Odilon Redon (musée d'Orsay, Paris).

Les rêves

Les rêves se produisent au cours de toutes les phases du sommeil. Il semble cependant que ceux qui sont le plus organisés

: dont nous nous souvenons
u réveil sont les rêves qui se
ont produits en phase de
ommeil paradoxal.
endant le sommeil paradoxal,
es ondes cérébrales se propa-
ent dans plusieurs régions du
erveau, notamment les aires
ensitives : visuelles, auditives,
u toucher, etc.
es aires entrent en activité en
absence de tout stimulus
xtérieur : le rêve se forme.
our certains, les rêves ont un
ens. Ils refléteraient l'état psy-
nique du dormeur. Pour
autres en revanche, ils ne sont
ue la traduction d'une activité
euronale sans signification.

Sans que l'on sache pourquoi, des sommeils-flashs de quelques minutes peuvent s'avérer extrêmement réparateurs.

roubles du sommeil

nsomnie est sans doute la maladie du sommeil la plus fréquente. Elle se définit
mme la plainte d'un mauvais sommeil, qui engendre une mauvaise qualité d'éveil
ans la journée. Elle est en général déclenchée par l'anxiété ou la dépression.
ais elle ne se mesure pas : très souvent, l'enregistrement de l'encéphalogramme
un insomniaque montre que celui-ci a dormi normalement. Pour lutter contre
nsomnie, il est recommandé de se dépenser dans la journée, puis de se coucher
des heures régulières, dans une pièce peu chauffée, après avoir mangé léger mais
ffisamment, et en respectant certains rituels indiquant à l'organisme l'heure
coucher (manger une pomme, lire, etc.). La narcolepsie, en revanche, concerne
s personnes qui s'endorment de manière intempestive dans la journée.
Elles souffrent également de catalepsie : une perte totale de tonus musculaire qui provoque la chute.

Gros et petits dormeurs

La durée du sommeil varie énormément d'un individu à un autre. Les petits dormeurs peuvent se contenter de 5 heures de sommeil par jour (certains même moins de 3 heures !), tandis que les gros dormeurs apprécient de rester plus de 10 heures au lit.
Les deux catégories de sommeil diffèrent essentiellement par la durée du sommeil léger et du sommeil paradoxal. La durée du sommeil lent profond reste similaire.

Sommeil de marins

Il fut un temps où l'homme, exposé à des dangers constants, dormait par tranches. Ce sommeil peut être retrouvé pour peu que l'on soit en manque de sommeil et que l'on se retrouve dans un environnement stressant.
s marins qui courent en solitaire utilisent ce sommeil fractionné. Il s'agit de profiter
s débuts de cycles de sommeil pour s'endormir entre 20 minutes et une heure.
ans ce cas, l'endormissement est immédiat, le temps de sommeil léger
s court, et la part de sommeil profond et paradoxal s'accroît.

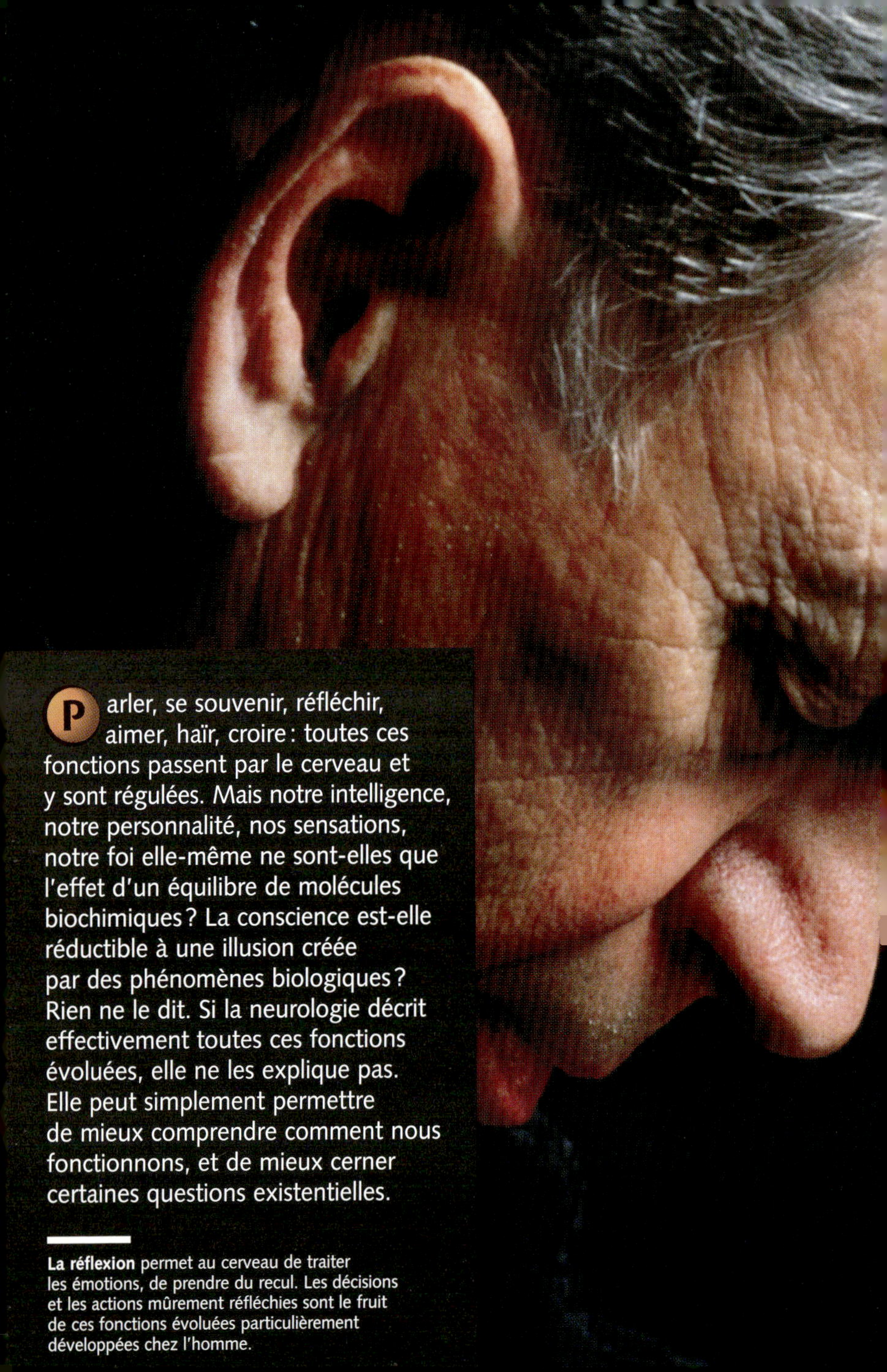

Parler, se souvenir, réfléchir, aimer, haïr, croire : toutes ces fonctions passent par le cerveau et y sont régulées. Mais notre intelligence, notre personnalité, nos sensations, notre foi elle-même ne sont-elles que l'effet d'un équilibre de molécules biochimiques ? La conscience est-elle réductible à une illusion créée par des phénomènes biologiques ? Rien ne le dit. Si la neurologie décrit effectivement toutes ces fonctions évoluées, elle ne les explique pas. Elle peut simplement permettre de mieux comprendre comment nous fonctionnons, et de mieux cerner certaines questions existentielles.

La réflexion permet au cerveau de traiter les émotions, de prendre du recul. Les décisions et les actions mûrement réfléchies sont le fruit de ces fonctions évoluées particulièrement développées chez l'homme.

Les fonctions évoluées du cerveau

Parler

Quelle que soit la société dans laquelle il vit,
l'homme utilise un mode de communication sonore complexe
et extrêmement structuré : le langage.

Une structure, des langues

On dénombre plus de 4000 langues à travers le monde. Il semble que, malgré d'énormes différences grammaticales, toutes soient traitées de manière similaire par le cerveau, qu'il s'agisse du français ou du chinois. On retrouve par exemple dans toute les langues des noms, des verbes et des compléments. La théorie de la « grammaire universelle », lancée dans l'incrédulité au début des années 1960 par le linguiste Noam Chomsky, a reçu depuis de nombreuses confirmations. Les ressemblances dans le traitement du langage seraient dues à une base génétique commune, grâce à laquel se construit un canevas d'interactions neuronales, support de la compréhension et de la maîtrise de la langue maternelle. Plusieurs arguments plaident en faveur d'une base génétique : le langage est universe son apprentissage semble être naturel et suit les mêmes étap chez le jeune enfant quelle que soit la langue.

Les orthophonistes permettent à des personnes ayant des difficultés à parler de travailler leur diction et leur prononciation : un travail particulièrement éprouvant pour les dyslexiques.

Les aires du langage

En 1861, le chirurgien et anthropologue français Paul Broca pu examiner le cerveau d'un patient décédé, q avait totalement perdu l'usage de la parole. Il observa une lésion située dans le lobe frontal gauche,

La dyslexie

Les personnes atteintes de dyslexie sont des personnes qui, en dehors de tout retard mental, de trouble visuel ou auditif, et de problèmes sociaux, éprouvent une grande difficulté à lire. La dyslexie touche environ 5 % des enfants. Cette maladie provient de la difficulté à faire le lien entre la représentation mentale des lettres (les graphèmes) et celle des mots (les phonèmes). Des études d'imagerie médicale ont montré que les dyslexiques n'utilisaient pas les mêmes aires du cortex que les autres pour lire. L'hypothèse la plus solide évoque aujourd'hui des anomalies génétiques conduisant à un mauvais développement des aires du langage.

dans une région que l'on nomme depuis « aire de Broca ». Cette zone, essentiellement dévolue à la production de sons du langage articulé, n'est pas la seule à être impliquée dans le langage.
Quinze ans après la découverte de Broca, le neurologue allemand Carl Wernicke désignait une zone essentielle dans la compréhension du langage : l'aire de Wernicke, située toujours dans l'hémisphère gauche mais dans le lobe temporal, est chargée de la compréhension du sens des mots. Les personnes souffrant de lésions à cet endroit •arlent, mais leurs paroles n'ont aucune signification. Selon Wernicke, ette zone du cerveau contient des représentations sonores des ıots : lorsqu'ils sont entendus, ils sont reconnus.

LEXIQUE

[Aire de Broca] Zone du lobe frontal dédiée à la production de sons du langage articulé.

[Aire de Wernicke] Zone du lobe temporal impliquée dans la compréhension du sens des mots.

;cénario d'une conversation

a compréhension du langage t la production d'un discours ıtelligible mettent en jeu de ombreuses régions du cerveau. 'explication suivante, très sim-·lifiée, permet de comprendre le ıécanisme sous-jacent : lorsque es sons parviennent à une ·reille, ils aboutissent au sys-ème auditif ; ce système les ·nalyse et envoie un message ·u cortex auditif ; si les sons sont écodés dans l'aire de Wernicke, ; sont compris comme ayant un ens ; la production d'une éponse nécessite tout d'abord e solliciter l'aire de Wernicke ; le ıessage parvient ensuite à l'aire e Broca qui met au point le pro-ramme moteur nécessaire à la ·rononciation ; le programme est ·lors exécuté par l'aire motrice u visage, voisine de l'aire de ·roca, qui commande le mouve-ıent des lèvres, de la langue, du ·rynx, etc.

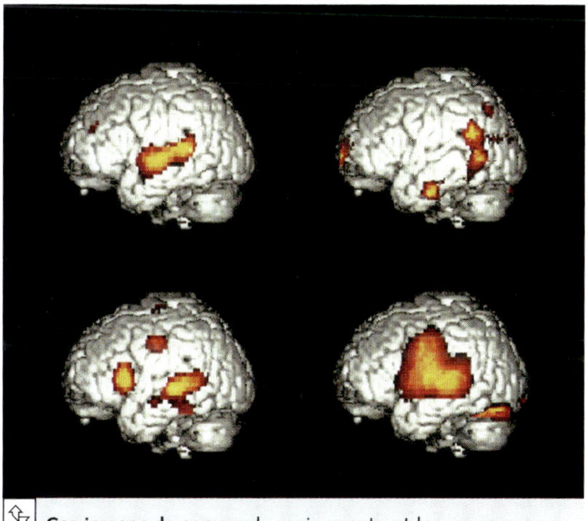

Ces images de cerveau humain montrent les zones particulièrement activées au cours d'exercice de parole et d'écoute. En haut à gauche, l'aire auditive est activée quand la personne imagine qu'elle parle. En haut à droite, chercher la signification de mots entendus active une autre partie de l'aire temporale. En bas à gauche, répéter des mots active l'aire de Wernicke (compréhension du langage) et l'aire de Broca (production du langage). En bas à droite, parler active le cortex auditif.

Se souvenir

La mémorisation est à la base de notre identité et de l'intelligence. Les souvenirs s'impriment dans l'ensemble du cerveau, par des mécanismes divers qui impliquent de nombreuses structures.

L'apprentissage de certaines tâches habiles, comme faire du vélo, nécessite une organisation particulière du cerveau qui ne s'acquiert qu'après un certain temps de pratique.

Des souvenirs un peu partout

On soupçonne depuis longtemps le cerveau de se modifier sous l'effet de l'apprentissage Le psychologue Donald Hebb, en 1949, fut le premier à émettre l'hypothèse que, lorsque plusieurs neurones sont activés simultanément, la transmission d'information des uns vers les autres est facilitée : cette trace constituerait le souvenir. Pour rappeler le souvenir, il s'agirait alors de réactiver le réseau de neurones mis en jeu indépendamment du phénomène extérieur qui lui a donné naissance. Ce modèle épouse particulièrement bien les caractéristiques des phénomènes mnésiques. Il permet d'expliquer pourquoi la mémoire n'est pas localisée dans une structure spécialisée : elle ferait

LEXIQUE

[Mnésique]
Relatif à la mémoire.
Syn. : mnémonique.

ppel à des réseaux de neurones englobant e nombreuses aires du cerveau, concer-ées par le souvenir. C'est ainsi que l'évoca-on, par exemple, d'une promenade sur un arché peut à la fois renvoyer à des images olorées de parasols, à la voix de maraîchers t à l'odeur de saucisse grillée. Ce modèle xplique également comment cette seule deur, sentie des années plus tard, fait remon-er toute une vague de souvenirs associés à ette promenade au marché : l'activation 'un sous-ensemble de neurones mettrait n branle tout le réseau associé à ce souve-r complexe. Il explique aussi pourquoi il st plus facile de retenir un fait s'il est asso-é à quelque chose de connu, à un réseau éjà formé. Enfin, ce mécanisme explique ourquoi les souvenirs s'atténuent dans le temps, comment ils sont transformés, randis, et comment, parfois, on les invente en y croyant dur comme fer : il suffit u'à l'évocation d'un souvenir se greffe une autre image pour qu'elle s'intègre etit à petit au souvenir lui-même.

Amnésies

L'amnésie désigne une perte de mémoire importante ou la difficulté à mémoriser. L'amnésie peut survenir après un choc, une maladie, une tumeur au cerveau, un accident vasculaire cérébral, etc. Contrairement à ce que la littérature sur le sujet laisse croire, l'amnésie totale, qui implique que le patient ne se souvient ni de son passé ni de sa propre identité, est rare. En revanche, il existe de nombreux cas d'amnésie plus ou moins sévère, que ce soient des amnésies rétrogrades (on oublie ce qui s'est passé quelques mois ou quelques heures avant l'accident) ou antérogrades (difficultés, voire incapacité à retenir de nouveaux souvenirs après l'accident).

Comment s'impriment les souvenirs

e souvenir d'une expérience implique que l'on réactive exactement le même réseau e neurones que celui activé lors de l'expérience elle-même. Mais, pour cela, il faut ue les neurones de ce réseau soient liés de manière permanente, de manière que passage du signal y soit rivilégié. Or si l'on stimule, ır un animal de labo-atoire, un neurone de anière artificielle (à l'aide 'électrodes), on observe ue les synapses situées en val produisent des poten-els plus forts qu'avant. ette réponse, qui est ccentuée, peut durer plu-eurs semaines voire plu-eurs mois après la stimula-on. Ce phénomène a été aptisé potentialisation à ng terme (PLT). Un phéno-ène analogue, qui conduit uant à lui à la diminution urable des signaux synap-ques en aval, a été baptisé épression à long terme

Les souvenirs personnels sont ancrés dans ce que l'on appelle la mémoire autobiographique. Le processus de mémorisation des souvenirs personnels est différent de celui des autres types de souvenirs (ici, une photographie des frères Lumière vers 1895).

La mémoire des textes, des faits historiques, comme notre connaissance abstraite du monde, s'inscrit dans la mémoire sémantique (photographie de tournage du film Hamlet, de et avec Laurence Olivier, en 1948).

(DLT). Ces traces à long terme sont les meilleures hypothèses pour expliquer l'impression des souvenirs. Plusieurs mécanismes pourraient expliquer la PLT et la DLT, comme la création de nouvelles connexions interneuronales, l'apparition ou la disparitio de nouveaux récepteurs à la surface de synapses existantes, l'activation ou la désactivation de récepteurs anciens, etc.

LEXIQUE

[Apprentissage]
Processus d'acquisition, par un animal ou un être humain, de connaissances ou de comportements nouveaux, sous l'effet des interactions avec l'environnement.

Différents types de mémoire

Le processus de mémorisation fait intervenir des structures différentes suivant le type d'information concerné et ce que l'on veut en faire. La réalité de cette division de la mémoire a été mis en évidence par des cas cliniques sur des patients souffrant de lésions cérébrales localisées. Certains patients sont, par exempl incapables de se souvenir de leurs actions immédiates, mais racontent minutieusement leur enfance. D'autres ont oublié les événements personnels, mais récitent les capitales du monde par cœur.

es souvenirs s'impriment à long terme (des ιois, des années) ou à court terme (quelques eures). On se souvient ainsi facilement de ce ue l'on a mangé la veille, mais pas du repas e la semaine précédente. La mémoire à court erme correspond à ce que l'on appelle plus récisément la mémoire de travail, qui fait éférence à la rétention d'informations sur une rès courte durée en vue d'effectuer un travail ui suit, comme de retenir le numéro de télé-hone avant de le composer.

a mémoire à long terme comprend quant à elle ι mémoire explicite et la mémoire implicite. La ιémoire explicite, la plus évidente, concerne les aits et les événements. On y distingue la ιémoire sémantique (on y stocke notre onnaissance du monde et des idées) et la ιémoire autobiographique (elle concerne les vénements que nous avons nous-mêmes écus). La mémoire implicite comprend, otamment, certains réflexes et des apprentissages moteurs comme la jonglerie ou la pra-que d'un instrument de musique (on parle dans ce dernier cas de mémoire procédurale).

Une mémoire d'éléphant

Certaines personnes possèdent une mémoire phénoménale. Elles peuvent par exemple retenir des suites de 70 mots sans lien entre eux ou réciter un tableau de 50 chiffres à l'envers comme en diagonale. Ces mnémonistes attisent la curiosité des neurologues. Car, s'ils utilisent des techniques de mémorisation éprouvées, comme l'association à des éléments visuels, tous possèdent des capacités innées de mémorisation. On ne sait pas aujourd'hui ce qui fait leur particularité : des synapses plus modulables ? Des associations d'idées plus performantes ? Ce qui est sûr, c'est que leur don n'est pas uniquement bénéfique. La quantité d'informations mémorisées continuellement rend difficile le traitement d'informations complexes, qui nécessite un esprit de synthèse.

'oubli

los capacités de mémorisation ne sont pas infinies et une bonne mémoire écessite également un bon oubli. Plusieurs processus conduisent à l'oubli : en premier lieu, il peut s'agir de la conséquence du manque de sollicitation d'un réseau (qui se met alors à décliner) ; ou bien d'un encodage insuffisant (si le souvenir n'est pas relié à d'autres, il va s'effacer) ; ou bien encore d'un oubli actif (consistant à l'élimination de souvenirs déplaisants, ces souvenirs ayant en effet une durée de vie plus faible que les autres) ; enfin, des souvenirs peuvent interférer entre eux (c'est ainsi que le souvenir d'un nouveau numéro de téléphone va peu à peu effacer l'ancien).

La mémoire de travail permet de retenir des numéros : téléphone pendant quelques minutes, entre le moment où nous s lisons et celui où nous les composons.

Réfléchir

Elle n'est pas le propre de l'homme, ni acquise ni innée : qu'on tente de la définir ou de la mesurer, l'intelligence reste insaisissable.

En quête de l'intelligence

Chacun de nous sait ou croit savoir identifier à tout coup la bêtise et l'intelligence. Pourtant, nous serions bien en mal de définir celle-ci, tout comme les neurologues qui la traquent dans le cerveau ou en observent les manifestations.

Certaines personnes développent des capacités intellectuelles étonnantes dans un domaine précis, devenant capables d'imagination et de création (ici Pablo Picasso dans son atelier à Vallauris, vers 1955).

L'observation du cerveau ne di[t] rien, pour l'instant du moins, sur l'intelligence de la personn[e] à qui il appartient : poids et taille ne sont pas liés à l'intelligence. Certaines aires seraient certes plus grosses chez les spécialistes des mathématiques ou de la jonglerie, certaines zones plus riches en cellules gliales et en connexions, mais le lien avec des capacités élevées reste hypothétique. Les tentatives de définition de l'intelligence s'attachent donc [à] ses manifestations extérieures. La définition la plus courante de l'intelligence est la capacité à s'adapter à son environnement et à ses modifications. Mais, dans ce cas, les virus peuvent être considérés comm[e] des génies…

Intelligences multiples

En 1983, le neuropsychologue américain Howard Gardner élaborait sa théorie des intelligences multiples. Selon lui, l'intelligence peut se comprendre comme une somm[e] d'intelligences, chacune étant

ın « potentiel biologique » : c'est-à-
lire la capacité à traiter, de manière
pécifique, une catégorie déterminée
l'informations. Il distingue l'intelligence linguistique (capacité à décoder
es sons du langage), l'intelligence
nusicale (capacité à analyser la
nusique), l'intelligence logico-mathé-
natique, l'intelligence spatiale (se
ituer dans l'espace), l'intelligence
orporelle (savoir gérer son corps),
'intelligence intrapersonnelle (capa-
ité à prendre conscience de ses
ropres sentiments), l'intelligence
nterpersonnelle (conscience des sen-
iments des autres et capacité à y
épondre de manière adaptée), et l'in-
elligence de l'environnement naturel
compréhension de ce qui nous
ntoure).
Cette théorie s'appuie notamment
ur le fait que certains prodiges,
omme certains autistes, peuvent
tre très doués dans quelques
natières précises, et posséder des
apacités linguistiques ou interper-
onnelles très dégradées. Elle permet
galement de décrire les différences qui séparent les espèces animales. Les rats possèdent ainsi une bonne intelligence spatiale ; les oiseaux, une bonne intelligence musicale.

Les particularités du cerveau d'Albert Einstein (ici en 1931), conservé après sa mort, ont fait couler beaucoup d'encre. Le développement important de certaines structures liées au raisonnement logique intrigue notamment les neurologues, qui se gardent bien de conclusions hâtives.

LEXIQUE

[Inné]
Qui existe dès la naissance.

[Acquis]
Que l'on a obtenu.

Les dons

L'intelligence est-elle innée ou acquise ? Nul doute que certains enfants montrent, très tôt, des dispositions dans l'un ou autre domaine. Mais d'autres capacités peuvent être extraordinairement développées ar l'entraînement, comme le montrent des exemples de calculateurs hors air. Il est probable que la part d'hérédité lans l'intelligence dépend du type d'in-elligence observé : elle peut être par xemple plus élevée dans l'intelligence nusicale ou mathématique, moins dans intelligence interpersonnelle. Mais on e dispose aujourd'hui d'aucun outil able pour mesurer la part d'inné. Il est ort probable qu'un don qui ne trouve as à s'exprimer dans un environnement ui lui serait favorable n'existera pas.

Que mesure le QI ?

Les tests de quotient intellectuel consistent en un ensemble de questions dont le total de réponses correctes, à défaut de mesurer l'intelligence, mesure certaines capacités verbales, visuelles, logiques, de mémorisation, etc. Ces questions sont cependant abstraites et isolées de la réalité. Ce qui, si l'on considère l'intelligence comme une capacité à s'adapter à l'environnement, est pour le moins problématique.

Ressentir des émotions

Des études de plus en plus précises permettent de lier les émotions à des flux de molécules. Mais l'on ne sait pas lequel des deux phénomènes engendre l'autre…

Une vie pleine d'émotions

Colère, peur, joie, gêne, tristesse, jalousie sont des émotions, c'est-à-dire des sentiments subjectifs éprouvés subitement dans des circonstances précises. Ces états particuliers, s'ils sont difficiles à définir, le sont moins à reconnaître. Ils s'expriment en effet par des modifications physiologiques et comportementales : augmentation du rythme cardiaque et respiratoire, sudation, apaisement, sourire, assèchement de la bouche, expression de dégoût, etc. Les émotions sont des sources puissantes de plaisir ou de motivation, mais aussi de maladies psychiatriques quand elles sont désagréables. Elles conditionnent notre comportement immédiat et futur. Elles jouent donc une importance capitale dans notre vie : nous passons en effet notre temps à courir après les émotions agréables (joie, sensations devant une œuvre d'art, sentiment amoureux…) et à éviter ou fuir les émotions désagréables (peur, colère, animosité, tristesse…).

Mauvais caractère !

Impulsivité, intelligence, couardise… La personnalité se définit comme un ensemble de traits émotionnels, cognitifs et comportementaux. Or chacun est lié à des caractéristiques de notre cerveau : connexions moindres des systèmes émotionnels avec le cortex, système limbique très réactif aux stimuli de peur, etc. Ne serions-nous que le jouet d'un équilibre biochimique ?

L'affirmer, c'est oublier le rôle de l'expérience dans l'évolution du cerveau : les émotions, comme l'apprentissage, renforcent en effet certains réseaux. Notre expérience le prouve : les événements que nous vivons, nos lectures, nos efforts sur nous-même modulent notre personnalité. Et cela, tout au long de la vie.

Les pleurs font-ils la tristesse ?

Plusieurs théories ont tenté, depuis le XIXe siècle, de cerner les émotions. La théorie de James-Lange (du nom de deux psychologues américain et danois) explique que l'émotion est un état consécutif des transformations physiologiques. Selon eux, les pleurs engendreraient la tristesse. Si cette théorie n'est pas à exclure totalement, puisque l'on sait que le fait de sourire peut suffire à se sentir plus heureux, il est clair aussi que l'on peut ressentir une émotion en dehors de toute manifestation physique. C'est notamment le cas de personnes victimes de lésions de la moelle épinière. La théorie de Cannon-Bard, développée au début du XXe siècle, a ainsi pris le contre-pied de celle de James-Lange. Pour appuyer cette conception, le physiologiste américain Walter Cannon avançait que des émotions différentes (peur, colère, sentiment amoureux) provoquent des réactions physiologiques identiques : sudations, battements du cœur, troubles de la digestion, etc. Les émotions précéderaient donc leurs manifestations. Aujourd'hui, il semble que les deux conceptions possèdent leur part de vérité : il y aurait des allers-retours constants entre les émotions et leurs manifestations.

Les émotions fortes provoquent une quantité de réactions physiologiques incontrôlables : suées, pleurs, rires, etc. (ici, les fans des Beatles à Miami en 1964).

Les circuits émotionnels

Le lobe limbique (partie du cortex qui surplombe le tronc cérébral) est souvent désigné comme le cerveau des émotions. Son implication dans les processus émotionnels ne fait aucun doute : des tumeurs ou des lésions à cet endroit produisent des troubles de la personnalité, irritabilité, peur, dépression. Mais cette structure est également impliquée dans d'autres fonctions. De plus, les émotions multiples semblent impliquer des circuits de neurones différents (comme, par exemple, le circuit de la récompense lié à la sensation de plaisir). Il n'existe donc pas un mais des systèmes émotionnels, que l'on commence tout juste à cerner.

LEXIQUE

[Stimulus, stimuli] Facteur(s) agissant sur une cellule, sur un organe, sur l'organisme en provoquant une réponse (musculaire, nerveuse, etc.).

Le stress, ami ou ennemi ?

Le stress est souvent désigné comme l'ennemi de l'homme moderne. Il a pourtant joué – et joue encore – un rôle essentiel et bénéfique dans la survie de l'individu.

Le cortisol est une hormone sécrétée lors du stress émotionnel et physique. À long terme, il entraîne une augmentation des défenses immunitaires, stimule la réparation des tissus et alimente les cellules en nutriments comme le glucose. Il est utilisé comme médicament pour lutter contre les inflammations, les rhumatismes, les allergies.

Indispensable stress

Les manifestations du stress sont des réponses physiologiques orchestrées par le cerveau pour protéger le corps de certains dangers et le mettre dans les meilleures conditions possible pour passer une épreuve. Il existe trois sortes de stress : le stress physiologique subit par l'organisme (lors d'une hémorragie importante par exemple), le stress émotionnel et le stress psychologique. Dans ces deux derniers cas (les plus communs), les causes du stress peuvent être l'angoisse, la peur, mais aussi une émotion positive comme le fait d'être amoureux, l'attente avant un examen ou toute autre situation exigeant de nous une certaine performance. Il se caractérise par un état d'éveil et une dépense d'énergie importants.

Les voies du stress

La réponse à un événement stressant se produit selon deux mécanismes distincts. Le premier, rapide, fait intervenir un neurotransmetteur (l'adrénaline) et le second, plus lent, une hormone (le cortisol). Le mécanisme rapide passe par la moelle épinière, qui véhicule un message de stimulation jusqu'aux glandes surrénales, situées au-dessus des reins. Ces glandes libèrent alors de l'adrénaline dans la circulation sanguine, provoquant la fameuse décharge d'adrénaline dont les conséquences sont bien connues : elle agit sur les cellules du corps en les préparant à un surcroît d'activité, active les glandes sudoripares, les rythmes cardiaque et respiratoire, etc.
La voie impliquant le cortisol s'active quant à elle en quelques minutes ou quelques heures. Elle mobilise les réserves d'énergie dans le corps et réduit toutes les autres activités qui ne sont pas impliquées dans la réponse au stress. L'activité du système immunitaire, mais aussi la sécrétion d'insuline qui régule le taux de sucre

LEXIQUE

[Stress]
Ensemble de perturbations biologiques et psychiques provoquées par une agression quelconque sur un organisme.

Pilule post-traumatique

Insomnies, cauchemars, anxiété, irritabilité, forte culpabilité, dépression : le syndrome de stress post-traumatique englobe tous les états émotionnels handicapants générés par un événement particulièrement effrayant : guerre, attentat, viol, accident, etc. Cette hypersensibilité émotionnelle pourrait être générée par un signal adrénergique trop long ou trop intense. D'où l'idée récente d'utiliser des molécules bloquant la transmission de l'adrénaline juste après un événement traumatisant : des bêtabloquants. Des études ont été menées en ce sens, provoquant un tollé chez ceux qui considèrent qu'elles procèdent d'une « vision moléculaire » réductrice et dangereuse du choc psychologique.

dans le sang ou l'activité reproductrice se voient ainsi inhibées. On comprend dès lors pourquoi des expositions prolongées et répétées au stress peuvent être facteurs de maladies.

Le stress fragilise

Une exposition chronique au stress ou une réponse excessive à des facteurs de stress pourraient conduire à la dépression et à un vieillissement prématuré du cerveau. C'est ainsi que l'on remarque que les patients déprimés développent une hypertrophie des glandes surrénales. Des biologistes ont également observé que des singes placés sous la domination de congénères agressifs développent des ulcères gastriques et une dégénérescence de neurones de l'hippocampe (très riche en récepteurs au cortisol) pouvant les conduire à la mort. Les systèmes de réponse au stress étant similaires chez l'homme, le parallèle est inquiétant.

Les situations de stress qui se prolongent provoquent des réactions indésirables : fatigue, dépression, maux de tête, problèmes digestifs, etc.

Être conscient

Une des plus grandes énigmes du cerveau humain est sans doute son lien avec la conscience. Un lien qui ne cesse de renvoyer à des questions existentielles : par exemple, qui sommes-nous ?

LEXIQUE

[Conscience]
Perception subjective de « soi » comme une entité distincte du monde extérieur et personnelle.

Qui suis-je ?

La conscience de soi comme entité distincte du monde qui l'entoure exige que dans un centre du corps, matériel ou non, localisé ou non, soit regroupé un ensemble de représentations fournies par les systèmes sensoriels et la mémoire. Dans ce sens, la conscience s'oppose aux réflexes qui répondent aux événements de manière automatique et décentralisée. Les gestes réflexes s'avèrent beaucoup plus rapides que les gestes conscients, et la complémentarité des deux systèmes est évidente. Mais la conscience est-elle une sensation directement issue d'un circuit de neurones ? Quel rapport entretient-elle avec l'âme, entité immatérielle que les scientifiques ne peuvent cerner ? Ce n'est qu'en tentant de l'approcher (en étudiant des phénomènes où la conscience est perturbée : expériences de sortie hors du corps, cas de schizophrénie, etc.) que l'on pourra peut-être un jour répondre à cette question.

L'inconscient envahissant

Plus l'étude de la conscience s'intensifie, et plus il paraît évident que l'inconscient (au sens neurologique – c'est-à-dire concernant le seul fonctionnement du corps – et non pas psychologique) joue un rôle prépondérant dans notre comportement. Par exemple, de nombreuses voies sensibles (ouïe, odorat, vue) fonctionnent à l'insu de la conscience. De même, en ce qui concerne les réflexes : lorsqu'un joueur de tennis doit rattraper une balle (frappée à parfois 200 km/h !), son mouvement commence avant qu'il n'en ait pris conscience.

Des expériences étonnantes ont eu lieu avec des personnes qui, à la suite d'une lésion cérébrale, avaient perdu une partie de leur champ visuel. On a commencé par leur présenter, « visibles » pour leur partie aveugle seule, des objets qu'elles

La rapidité de réaction exigée lors de la pratique d'activités comme le tennis rend le contrôle conscient des mouvements impossible.

Expérience hors du corps

Huit à douze pour cent de la population auraient déjà expérimenté une expérience de « sortie hors du corps » : impression de flotter et d'observer son corps, tout du moins dans sa moitié basse, allongé au-dessous. Les toxicomanes, les épileptiques, les migraineux y seraient particulièrement sensibles. Selon certains chercheurs, il s'agirait d'un conflit entre des informations contradictoires provenant de deux sites différents : la vision, qui voit le corps allongé, et l'information dite « vestibulaire », chargée de placer le corps dans l'espace (de telles expériences ont pu être reproduites à l'aide de stimuli artificiels). D'autres y voient une preuve de l'existence d'une âme immatérielle.

n'ont alors – cela paraît logique – pas vus. Pourtant, en leur demandant de retrouver la forme de ces objets sur une feuille où étaient présentés plusieurs choix, elles ont désigné la bonne. Ces expériences ont apporté la preuve qu'une partie du système visuel avait fonctionné malgré tout et que seule la partie responsable de l'émergence à la conscience de l'information était lésée. Il existerait donc un circuit neuronal hiérarchiquement supérieur au traitement de l'information réflexe et qui amènerait l'information à la conscience.

Ce n'est que quand ils ont conscience d'être un être distinct de leur mère et de leur environnement, vers 8 ou 9 mois, que les enfants commencent à reconnaître leur image dans le miroir.

Les niveaux de conscience

La conscience implique-t-elle certains neurones, ou des circuits de neurones ? Nul ne le sait encore. Elle semble en tout cas impliquer des mécanismes hiérarchiquement organisés. Il y aurait plusieurs niveaux de conscience, allant de niveaux inconscients (ceux qui gèrent la perception et le contrôle des mouvements) à d'autres plus conscients,contrôlant le raisonnement au niveau du cortex. Chaque niveau pourrait entraîner, si le signal est suffisamment fort (mais pas trop non plus), l'émergence d'un signal au niveau supérieur.

Des fonctions extrasensorielles ?

Selon certains témoignages, la télépathie et d'autres modes de perception extrasensorielle fonctionneraient bel et bien. Qu'en pensent les scientifiques ?

Les multiples formes de la perception extrasensorielle

On regroupe sous l'expression « perception extrasensorielle » tous les phénomènes capables de faire passer de l'information en dehors de l'utilisation des 5 sens : toucher, ouïe/parole, goût, odorat, vue. Ils comprennent plusieurs types d'interaction possible. Ainsi, la télépathie est la faculté de connaître les pensées d'une autre personne sans recourir aux sens connus. La voyance est la connaissance d'un fait que personne ne connaît. La précognition désigne la connaissance d'un événement à venir.

Enfin la psychokinésie renvoie à la modification d'un système matériel sans l'emploi de moyens connus. Elle comprend essentiellement la télékinésie, qui consiste à faire bouger des objets sans faire intervenir de force ou d'énergie connue. Divers sondages ont montré qu'une personne sur deux croit à l'existence de perception extrasensorielle.

LEXIQUE

[Parapsychologie]
Études des phénomènes paranormaux ayant une origine psychique, ou jugés tels.

L'expérience Ganzfeld

L'expérience Ganzfeld mesure l'information qui peut passer de personnes émettrices vers des personnes réceptrices isolées les unes des autres. La procédure est la suivante : le receveur est allongé dans une pièce isolée du bruit. Des demi-balles de ping-pong lui bouchent les yeux, et des écouteurs placés sur ses oreilles lui font entendre un bruit de fond continu. Une lumière rouge est dirigée vers ses yeux. Le tout est censé produire un champ visuel et auditif neutre empêchant toute communication par les moyens usuels. Dans une pièce différente, l'émetteur se concentre, quant à lui, sur une cible (en général une image).
À la fin de cette expérience, on demande au receveur de choisir parmi plusieurs images celle qui correspond le mieux aux pensées qu'il a eues.

Un domaine controversé

Par définition, les phénomènes extrasensoriels renvoient à des formes de perception inconnues et indéfinies. Ils ont souvent été invoqués pour expliquer des expériences tenant de la supercherie. C'est pourquoi elles suscitent chez la plupart des scientifiques de l'incrédulité et un rejet assez fort.
Très peu de recherches institutionnelles concernent donc ces phénomènes.
Il existe par exemple un laboratoire de parapsychologie réputé à Édimbourg, en Écosse. Des scientifiques ouverts à ces questions tentent de les tester par des protocoles le plus rigoureux possible. Le plus connu est sans doute le protocole Ganzfeld, mis au point dans les années 1930, puis affiné.

Une femme entreprend une expérience de Ganzfeld pour tester la télépathie.

À la recherche de preuves

En l'état actuel des expérimentations, les spécialistes en parapsychologie admettent que les effets mesurés sont extrêmement faibles. Quand elles semblent montrer quelque chose, la plus grosse critique apportée à leurs expériences est le manque de reproductibilité. Les sceptiques soulignent par ailleurs l'existence de biais expérimentaux, comme la présence d'une personne connaissant le résultat au chevet du récepteur, personne qui peut, par son attitude, suggérer un résultat. Les preuves irréfutables manquent donc. Une expérience de grande ampleur menée avec plus de 25 000 participants en 2002 a donné des résultats à la limite du hasard. Ce à quoi les tenants de ces théories répliquent que ces fonctions ne seraient pas développées chez les êtres humains sauf chez certaines personnes plus réceptrices, plus entraînées, et pour qui les résultats seraient meilleurs. Le débat sur l'existence de phénomènes de perception extrasensorielle reste donc ouvert.

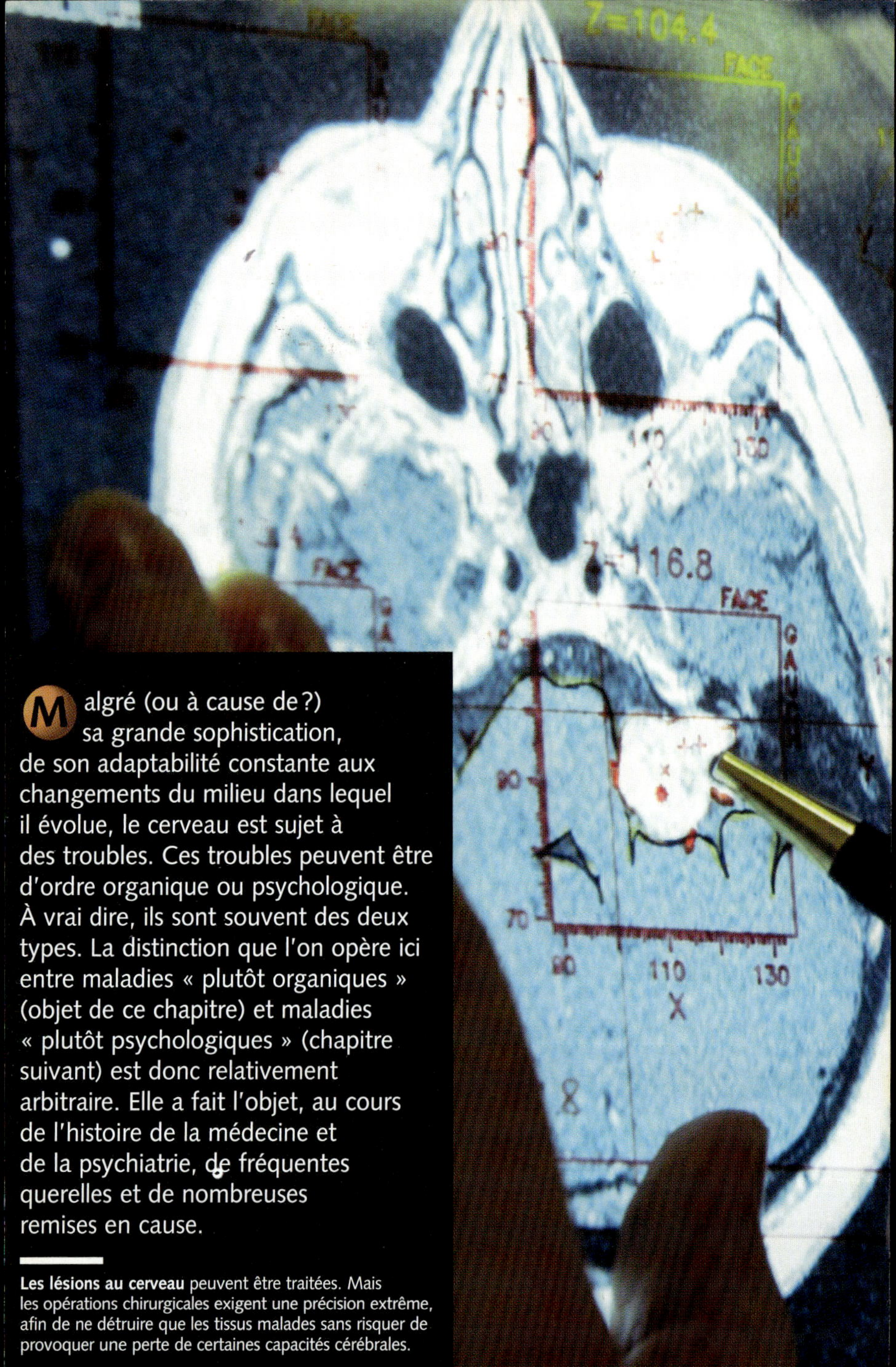

Malgré (ou à cause de ?) sa grande sophistication, de son adaptabilité constante aux changements du milieu dans lequel il évolue, le cerveau est sujet à des troubles. Ces troubles peuvent être d'ordre organique ou psychologique. À vrai dire, ils sont souvent des deux types. La distinction que l'on opère ici entre maladies « plutôt organiques » (objet de ce chapitre) et maladies « plutôt psychologiques » (chapitre suivant) est donc relativement arbitraire. Elle a fait l'objet, au cours de l'histoire de la médecine et de la psychiatrie, de fréquentes querelles et de nombreuses remises en cause.

Les lésions au cerveau peuvent être traitées. Mais les opérations chirurgicales exigent une précision extrême, afin de ne détruire que les tissus malades sans risquer de provoquer une perte de certaines capacités cérébrales.

Quand la tête va mal

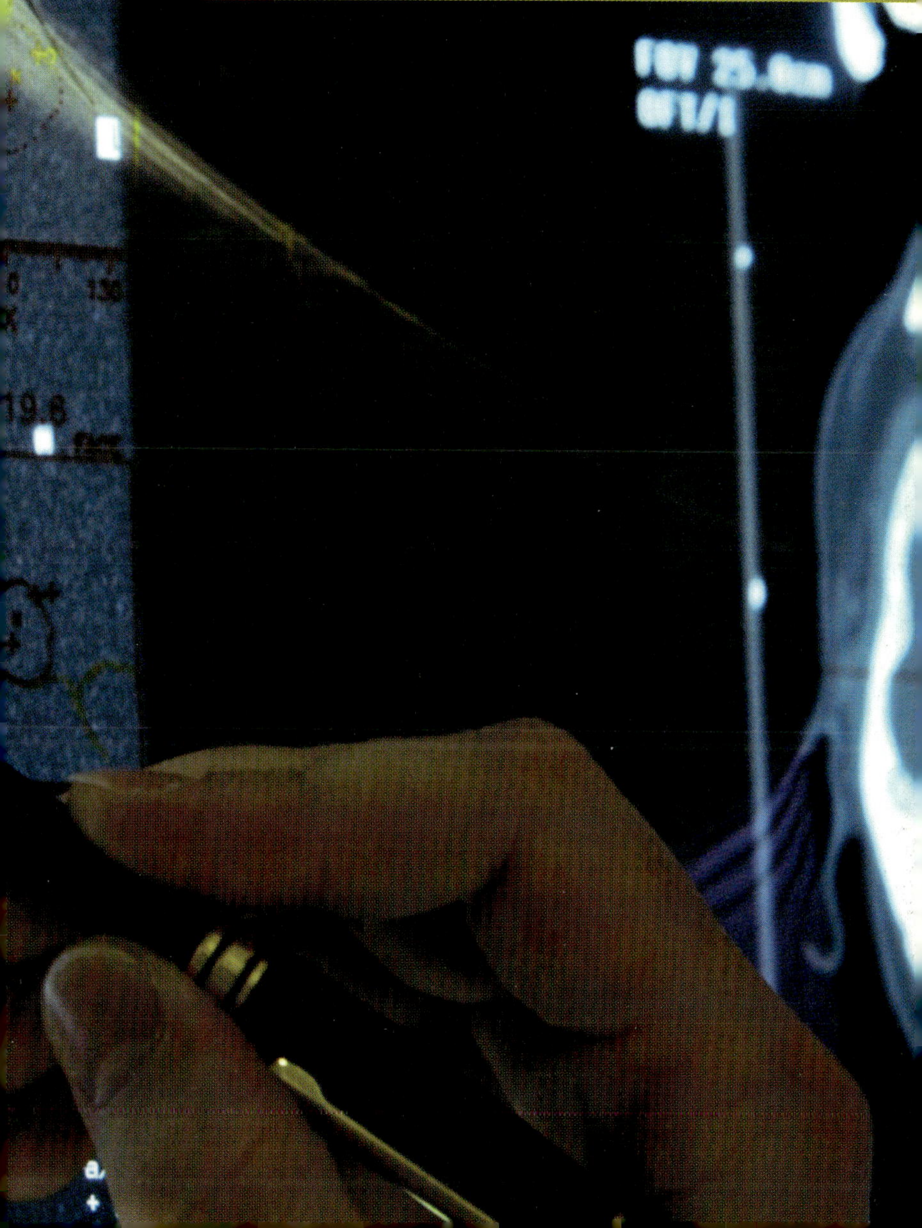

La migraine

S'il est le plus souvent bénin, le mal de tête se révèle parfois très handicapant. L'origine de la migraine reste toutefois encore sujette à controverses.

Des maux de tête pas comme les autres

La migraine n'est pas un simple mal de tête. Les médecins se sont entendus pour appeler « migraine » des céphalées présentant les caractéristiques suivantes : le patient doit avoir subi au moins 5 crises entre lesquelles l'examen clinique est normal (pas de dysfonctionnement détecté) ; quand elles ne sont pas traitées, ces crises durent entre 4 et 72 heures ; les douleurs ne concernent qu'un côté de la tête ; elles se manifestent par une pulsation plus ou moins forte qui s'aggrave avec l'activité physique normale ; elles s'accompagnent de nausées ou de vomissements, de difficultés à supporter la lumière et le bruit. Il s'agit là de migraines simples, qui touchent 70 % des migraineux.

Les autres malades sont victimes de migraines « avec aura ». Une aura est un ensemble de symptômes comme la perception de zigzags lumineux, des cécités partielles, des fourmillements dans les membres ou sur le visage, une grande faiblesse musculaire. Ces auras précèdent ou accompagnent le mal de tête, mais disparaissent après la crise.

LEXIQUE

[Aura]
Symptôme annonçant le déclenchement prochain d'une crise liée à une maladie, comme l'épilepsie ou bien la migraine.

Une maladie neurologique

Au milieu du XXe siècle, il était courant de considérer la migraine comme une céphalée due à la dilatation de certains vaisseaux du crâne, observée chez certains migraineux. Cette théorie a cependant été battue en brèche dans les années 1980 : les examens de migraineux montrèrent alors que la douleur n'apparaissait pas simultanément avec la dilatation de vaisseaux, et que ce phénomène était loin d'être systématiquement présent. Des expériences plus poussées ont montré que la dilatation de l'artère carotide interne est une conséquence de toutes les douleurs à la tête. L'origine de la migraine apparaît aujourd'hui complexe : elle serait le résultat de troubles dans le fonctionnement de certains neurones. La plupart des chercheurs s'accordent en effet pour dire qu'il s'agit bien d'une maladie neurologique, mais avancent des hypothèses diverses. Selon l'une d'elles, les signaux électriques responsables du passage de l'information sensorielle entreraient, pour une raison inconnue, dans un état instable générateur de douleurs et d'hypersensibilité au bruit, au toucher, aux odeurs, au mouvement, etc. La douleur n'aurait alors pas de cause organique.

Chiffres de la migraine

Entre 12 et 15 % des adultes dans le monde souffrent de migraines. Les femmes migraineuses sont trois fois plus nombreuses que les hommes. Cinq pour cent des enfants sont également touchés. Environ un quart des migraineux seraient très handicapés par leur maladie. Des études récentes suggèrent que ces chiffres pourraient être en augmentation.

Les origines des maux de tête sont variées. Bien que ce type de douleurs soit fréquent et ouvent bénin, il faut absolument consulter en cas de crises intenses et répétées. Elles peuvent parfois tre le signe d'une atteinte cérébrale grave.

omment soulager la migraine

. plupart des migraineux soulagent leur douleur au moyen d'antalgiques mme l'aspirine ou le paracétamol. Mais ils sont rapidement contraints d'augmenter s doses, avec des risques de complications (ulcères d'estomac notamment). epuis quelques années, un traitement efficace est apparu sur le marché. Il s'agit s triptans, qui agissent sur certains signaux neuronaux, provoquant la constriction des isseaux extracérébraux et inhibant le message douloureux. Les triptans ne soulagent utefois que la moitié (au mieux, les trois quarts) des patients. Plusieurs autres olécules sont actuellement testées, mais aucune n'est efficace chez tout le monde. r ailleurs, il s'agit là de traitements des symptômes, et aucun ne guérit ritablement la migraine.

Quand les neurones meurent

Les neurones font partie des rares cellules de l'organisme qui ne se renouvellent pas. Leur dégénérescence conduit à la perte progressive du contrôle de l'organisme.

Le vieillissement normal

On pense souvent que l'âge provoque une perte progressive des neurones, qui serait elle-même à l'origine des pertes de mémoire des personnes âgées. Il n'en est rien. Au cours du vieillissement normal, la mort neuronale est limitée et l'on observe surtout une diminution de l'efficacité de la transmission, à l'origine de la baisse des capacités mnésiques. Les personnes âgées saines restent capables d'engranger des souvenirs, même si cela leur demande un effort plus important que dans leur jeunesse. Cette perte d'efficacité donne lieu à diverses hypothèses : il peut s'agir de la dégradation des enveloppes de myéline qui accélèrent la propagation de l'influx nerveux. D'autres observations mettent en cause une transformation de la forme des dendrites et une dégradation des synapses. Toutes ces modifications se traduisent par une diminution de la plasticité du cerveau, à l'image de la perte de souplesse du corps en entier.

Il est encore aujourd'hui impossible de diagnostiquer à coup sûr la maladie d'Alzheimer du vivant de la personne. C'est pourquoi les médecins tentent de mettre au point des tests de dépistage précoce.

Maladies dégénératives

Seules les maladies neurodégénératives (Alzheimer, Parkinson, etc.) conduisent à une perte massive de neurones. Elles surviennent en général à un âge avancé, mais peuvent se déclencher beaucoup plus tôt. Elles ne sont provoquées ni par un virus, ni par une bactérie, mais par l'accumulation de simples protéines, qui détruit des cellules nerveuses cérébrales. Cette mort neuronale concerne un type particulier de neurones selon les maladies, d'où des symptômes et des stratégies thérapeutiques différentes.

n vaccin contre Alzheimer?

ı fréquence de la maladie Alzheimer (proportionnelle l'âge de la population qui eillit dans les pays dévelop-ès) augmente inexorable-ent. Les signes de la mala-e ont été précisément écrits dès 1907 par le neu-psychiatre allemand Aloïs zheimer. Les coupes de ssu cérébral révèlent deux pes de lésions localisées au veau du cortex : des agré-ıts formant des plaques à extérieur des neurones et la égénérescence des neuro-es eux-mêmes, envahis par es fibres microscopiques. Ce sont ces lésions qui permettent un diagnostic certain de la aladie dont les symptômes peuvent se confondre avec certaines démences. n faible pourcentage de maladies d'Alzheimer (0,3 % environ) est dû à une anomalie énétique. Dans ce cas, la maladie se déclare tôt, vers l'âge de 45 ans. Le plus souvent, s premiers symptômes apparaissent après 65 ans : pertes de mémoire, des capacités de isonnement, changements d'humeur et de comportement. Aucun traitement efficace a encore vu le jour, bien que diverses stratégies thérapeutiques aient été testées. La plus ometteuse aujourd'hui est sans doute celle de la vaccination. Il s'agit de conduire organisme à produire des anticorps détruisant spécifiquement les plaques séniles.

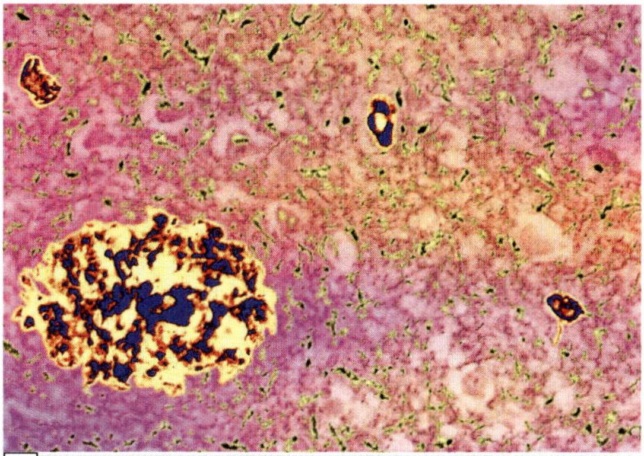

Sur ces images colorées de tissus de cerveau apparaissent les deux atteintes caractéristiques de la maladie d'Alzheimer : une plaque sénile (en jaune et noir) et les fibres qui envahissent les neurones (zones jaune et noir plus restreintes).

es tremblements de Parkinson

. maladie de Parkinson se traduit par des emblements des membres au repos, une gidité des muscles, la rareté et la lenteur s mouvements. La « paralysie agitante » été décrite par le médecin britannique mes Parkinson en 1817. Elle touche 1 à % de la population de plus de 65 ans et fréquence augmente avec l'âge. Mais e peut aussi atteindre des sujets plus unes (10 % des parkinsoniens ont moins 40 ans). Il existe des prédispositions nétiques à cette maladie.

ertains médicaments soulagent et retar-ent l'apparition des symptômes, mais ux-ci évoluent irrémédiablement vers la ort.

La souffrance des proches

Les proches jouent un rôle essentiel dans les soins donnés aux malades d'Alzheimer (en France, à peine plus de la moitié des patients est en institution). Or la maladie s'avère extrêmement lourde à porter pour ces personnes (notamment parce que le malade n'a aucune forme de reconnaissance du soutien qu'on lui apporte), ce qui peut générer des troubles (dépression, etc.).
L'industrie pharmaceutique s'est penchée sur la question en créant une nouvelle discipline, la proximologie, qui examine l'impact d'un traitement sur le malade mais aussi sur ses proches (avec le danger de voir le confort de ceux-ci passer avant le bien-être du malade).

LEXIQUE

[Maladies neuro-dégénératives]
Maladies caractérisées par la dégénérescence progressive et souvent inéluctable de tout ou partie du système nerveux.

La maladie de Huntington

La maladie de Huntington (dite « chorée de Huntington ») est une affection neurologique rare qui touche 1 personne sur 10000 et se manifeste entre 35 et 50 ans. Les symptômes les plu frappants sont des mouvements anormaux involontaires et saccadés des membres, de la tête et du cou. Elle s'accompagne de troubles psychologiques (anxiété, irritabilité, dépression) et d'une détérioration intellectuelle qui progresse jusqu'à la démenc La mort survient 15 à 20 ans après l'apparition de la maladie. Elle est due à des complications de la maladie (embolie pulmonaire, infection). Cette maladie est provoquée par la mutation d'un gène. Ce gène code une protéine qui, si elle est anormale, provoque la mort de certains neurones par un mécanisme encore inconnu. Il n'existe aucun traitement pour empêcher l'apparition des symptômes ni ralentir le développement de la maladie. Des recherches s'intéressent notamment au moyen d'empêcher, par voie chimique, l'accumulation de cette protéin anormale.

En l'absence de traitements pharmacologiques efficaces contre la maladie de Parkinson, des techniques alternatives sont tentées pour apprendre aux malades à maîtriser les symptômes. Ici, au centre de recherches biomédicales en musique (États-Unis), des notes musicales accompagnent les mouvements des malades.

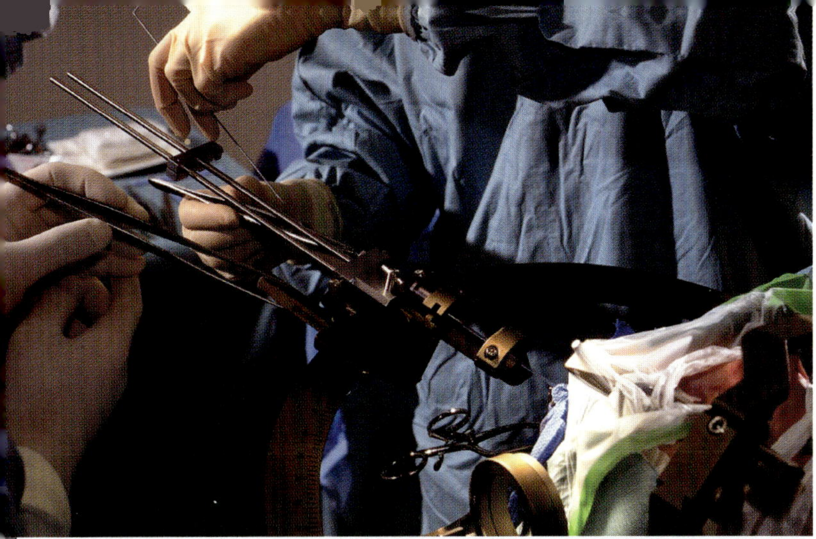

Essai de thérapie génique sur un patient souffrant de la maladie de Huntington : des cellules ;énétiquement modifiées sont introduites dans le cerveau.

ʼ1aladies à prions

:s prions sont de simples protéines qui forment des dépôts dans les cerveaux alades. Les prions sont présents naturellement dans l'organisme des êtres vivants. ais ces protéines deviendraient pathogènes en se repliant sur elles-mêmes de manière ıormale. Cette conformation particulière empêcherait l'organisme de les éliminer et ur accumulation dans le cerveau provoquerait la mort des neurones.

:s encéphalopathies spongiformes ainsi générées se traduisent par l'apparition de trous de plaques de protéines dans le tissu cérébral. Chez l'homme, on parle notamment maladie de Creutzfeldt-Jakob. Chez l'animal, de tremblante (ovins) ou encore encéphalopathie spongiforme (bovins).

. maladie de Creutzfeldt-Jakob a été décrite en 1920. Elle se déclare entre 50 et 65 ans, évolue, après une phase de dépression puis de démence, jusqu'à la mort en quelques mois. ·tte maladie est très rare puisqu'en moyenne ı seul cas se déclare pour plusieurs millions habitants chaque année dans 5 pays euro- ·ens où des recherches ont été menées. Dix ɔur cent de ces cas ont une origine géné- ʮue. Dans la grande majorité, ils sont liés à ıe exposition à des agents infectieux au ·urs d'une opération chirurgicale ou lors de ıgestion de viande d'animal malade. Ce der- ·r type de transmission, nouveau, a fait aindre, à la fin des années 1990, une épidé- ·ie mondiale. Une politique draconienne abattage des vaches malades a heureuse- ·ent permis d'éviter le désastre annoncé.

L'espoir des cellules souches

Les cellules souches sont les premières cellules d'un être vivant, capables de se différencier pour donner tous les types de cellules spécialisées de l'organisme. Elles sont présentes aux tout premiers stades de la vie (embryon). Or, il est possible de faire pousser de telles cellules en laboratoire de manière qu'elles donnent des neurones. Il s'agit de greffer ensuite ces neurones aux victimes de maladies neurodégénératives : des expériences prometteuses ont été menées dans ce sens chez des parkinsoniens.

Les attaques cérébrales

Les accidents vasculaires cérébraux représentent la troisième cause de mortalité dans les pays occidentaux. Chez les survivants, ils provoquent des handicaps graves.

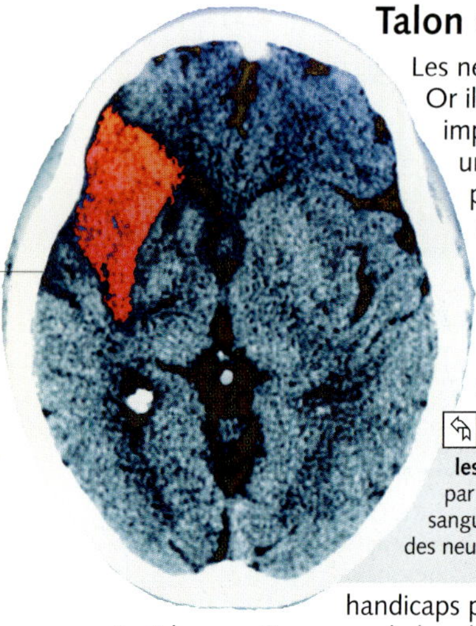

Scanner montrant les lésions cérébrales provoquées par un accident vasculaire. Ici, le flux sanguin a été réduit, induisant la mort des neurones mal irrigués.

Talon d'Achille

Les neurones du cerveau sont incapables de se renouveler. Or ils sont sans cesse sollicités et cela à des vitesses importantes : leur bon fonctionnement exige donc un approvisionnement constant en nutriments, principalement en oxygène et en glucose. Le manque d'oxygénation du cerveau peut conduire à la mort cérébrale en quelques minutes. L'approvisionnement constitue bel et bien le talon d'Achille du cerveau, par ailleurs très bien protégé des chocs et des infections. C'est pourquoi les accidents vasculaires cérébraux (AVC) sont aussi dangereux. Ils tuent 5 millions de personnes dans le monde chaque année.
On estime à 15 millions le nombre de personnes qui en réchappent, mais qui souffrent dès lors de handicaps plus ou moins prononcés. En France, les AVC représentent la première cause de handicap et la deuxième cause de démence.

Des accidents subits

L'accident cérébral frappe à l'improviste. Il peut s'agir d'une personne qui perd ses mots, qui devient subitement insensible à une partie de son corps ou qui vomit. Dans 80 % des cas, les AVC sont des « ischémies », c'est-à-dire des diminutions ou des interruptions de l'irrigation d'une zone cérébrale. Dans la moitié des cas, cette ischémie résulte de la formation d'un caillot sanguin dans une artère touchée par de l'athérosclérose (plaques jaunâtres constituées de dépôts de graisses à la surface

Usage du cerveau

La rumeur, persistante, veut que nous n'utilisions qu'une fraction des capacités de notre cerveau. Or, les accidents cérébraux ou les maladies qui conduisent à des lésions très localisées montrent qu'une petite perte de matière neuronale peut s'avérer très handicapante. On sait par ailleurs que les voies neuronales non utilisées se dégradent (lorsqu'on prive de vision un rat nouveau-né, il devient aveugle) : si donc une partie de notre cerveau restait inutilisée, elle finirait sans doute par dégénérer. À l'inverse, les opérations effectuées chez de jeunes épileptiques, au cours desquelles une partie du cerveau est retirée, montrent que l'exercice permet (à cet âge-là) un recouvrement spectaculaire des capacités cérébrales par réorganisation des tissus restants. Preuve qu'ils sont nécessaires à la bonne marche de l'organisme.

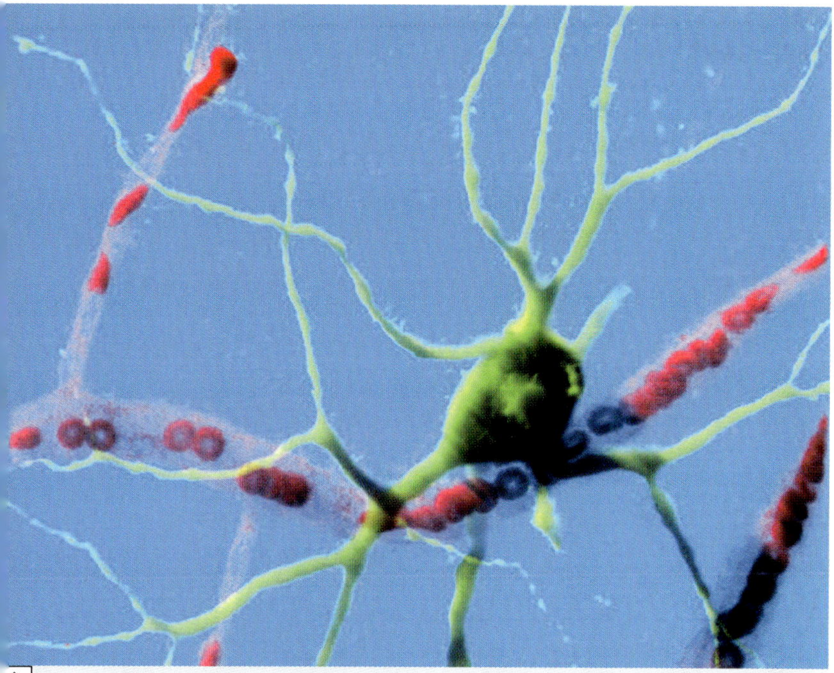

Les neurones ont besoin d'être constamment alimentés pour survivre. Cette forte dépendance est illustrée par cette image au microscope d'un neurone (vert) entouré de capillaires sanguins (rouges) dans lesquels on distingue les globules rouges transportant l'oxygène.

nterne de l'artère). Quand il n'y a pas d'ischémie, les AVC sont des hémorragies céré-rales : le sang se répand et endommage le tissu cérébral alentour.

.es conséquences

.es dégâts causés par un AVC dépendent de la durée de privation d'oxygène et le la structure touchée. L'artère centrale est le plus souvent touchée par ces accidents : elle alimente une portion du lobe frontal et des lobes temporal et pariétal, qui contrôlent notamment les sensations de la face, de la gorge, de la main et du bras, les aires motrices rimaires et l'aire du langage dans l'hémisphère dominant. Mais l'artère cérébrale ntérieure peut aussi être touchée : elle alimente les lobes frontaux qui ontrôlent les pensées logiques, la personnalité, le mouvement volon-aire (un accident à cet endroit provoque une faiblesse de la jambe pposée). Si les deux hémisphères sont concernés, des symptômes nentaux graves se développent, comme le mutisme. Dans tous les as, la rééducation (langage, mouvement) s'avère longue. Elle peut onduire à une récupération totale ou partielle de certaines capacités.

LEXIQUE

[Ischémie]
Diminution ou interruption de l'irrigation sanguine d'un organe ou d'un tissu.

Quand le signal passe mal

Longtemps considérés comme des maladies psychologiques, les syndromes suivants apparaissent de plus en plus comme des défauts du circuit de l'information cérébrale.

De « possédés » à « victimes »

Encore aujourd'hui dans certaines régions du monde, les crises épileptiques sont perçues comme la manifestation d'une possession diabolique. Ces crises sont effectivement impressionnantes : brusquement, le sujet est agité de spasmes musculaires, il se roule par terre, puis, au bout de quelques secondes à deux minutes de mouvements saccadés, perd connaissance. Les crises épileptiques sont en fait la cause d'une activité électrique anormale dans une zone du cerveau, activité qui peut s'étendre et faire basculer plusieurs circuits de neurones. Après une série de décharges, les neurones cessent toute activité. Ces crises sont assez courantes, puisqu'on estime qu'une personne sur 20 en fera l'expérience au cours de sa vie. Mais seule une personne sur 200 connaîtra des crises à répétition et sera effectivement considérée comme épileptique.

Lorsque l'épilepsie handicape sérieusement l'individu par des crises violentes et fréquentes, on envisage parfois le retrait chirurgical de la zone identifiée comme le foyer épileptique où les décharges électriques anormales débutent, avant de se propager dans le cerveau. Ces interventions donnent de bons résultats, mais peuvent avoir des effets secondaires si elles touchent des zones sensibles.

Foyers épileptiques

Dans les années 1950, le neurochirurgien américain Wilder Penfield tenta des expériences nouvelles sur des patients victimes de grave épilepsie. Ayant remarqué qu'avant les crises ces patients subissaient souvent une aura (symptôme déclencheur d'une crise), il émit l'hypothèse que, s'il parvenait à provoquer cette aura en stimulant électriquement certaines zones du cerveau, il pourrait localiser le foyer épileptique et donc l'extraire.

Après avoir anesthésiés les patients, toujours conscients, il pratiquait donc sur eux une trépanation et appliquait des électrodes à divers endroits. Sa technique s'avéra la bonne. Elle permit, de plus, des découvertes essentielles : la stimulation de certaines zones du cortex activa des souvenirs incluant des sons, des couleurs, des mouvements. On découvrit ainsi la fonction de plusieurs zones.

Des autistes en mal de communication

Le terme « autisme » est apparu dans les années 1940 pour décrire des enfants présentant un certain nombre de troubles liés à un déficit d'interaction sociale, des centres d'intérêt restreints, un comportement stéréotypé et ritualisé. Ces enfants présentent parfois un déficit mental, d'autres des capacités intellectuelles normales, d'autres enfin sont surdoués dans un ou des domaines très précis. L'autisme toucherait une personne sur 500 dans le monde entier, avec une forte prédominance chez les garçons (4 garçons pour une fille).

Les symptômes émergent très tôt dans l'enfance, avant l'âge de 36 mois. Il existe en fait une grande diversité dans l'autisme. Mais la plupart des autistes présentent une grande difficulté à établir une communication avec les autres et détestent

L'autisme se déclare chez des enfants très jeunes qui rencontrent des difficultés, voire parfois une impossibilité, à communiquer avec le monde extérieur.

e changement de leur environnement. Les causes de l'autisme ne sont pas connues, même si l'on a observé des différences dans l'anatomie du cerveau, et des différences également dans le traitement de certaines informations (comme, fait intéressant, la voix humaine) par le cerveau. Il existerait une prédisposition génétique à l'autisme.

LEXIQUE

[Auto-immune]
Désigne une maladie engendrée par un dysfonctionnement du système immunitaire de défense de l'organisme, lequel se retourne contre certaines de ses propres cellules.

Malades de leur hyperactivité

Les premiers enfants hyperactifs ont été décrits à la fin du XIXe siècle. On parle aujourd'hui de « déficit d'attention avec ou sans hyperactivité ». Cette appellation met en avant le déficit d'attention comme étant le cœur de la maladie. Les hyperactifs, enfants ou adultes, sont très remuants, ils présentent une activité physique inhabituelle, sont incapables de se fixer sur une tâche quelconque. L'hyperactivité a tendance à s'améliorer avec l'âge, mais au moins un enfant sur 5 restera handicapé par ce trouble à l'âge adulte. L'origine de cette maladie est inconnue. Il était courant, notamment dans les pays où la psychanalyse a eu une grande influence (comme en France), d'y voir le résultat d'une mauvaise relation de l'enfant à sa mère.

Les enfants hyperactifs perturbent profondément la vie de leur entourage et souffrent, dans leur vie familiale, sociale et scolaire, de leur incapacité à se concentrer sur la moindre tâche.

Un vaccin coupable ?

Voilà plusieurs années que des associations de malades atteints de sclérose en plaques incriminent un vaccin contre l'hépatite B comme étant à l'origine de leur maladie. Le soupçon a été conforté par une étude parue en 2004 ouvrant la possibilité d'un lien entre la vaccination et l'apparition de la maladie. Toutefois, le danger du vaccin serait limité aux vaccinations d'adultes, et, en tout état de cause, plus faible que celui que fait courir l'hépatite B, une maladie potentiellement mortelle.

Dans les pays anglo-saxons, l'idée que le comportement de ces enfants très difficiles pouvait être dû à un déséquilibre biochimique dans le cerveau s'est en revanche vite imposée. Il existe également un vrai débat sur l'existence d'une épidémie d'hyperactivité de nos jours.
On estime en effet que 3 à 5 % des enfants seraient touchés dans le monde à des degrés divers. Aux États-Unis, environ 5 % des enfants prennent des stimulants pour lutter contre leur déficit d'attention. Cette médicalisation généralisée soulève un véritable problème de santé publique.

Le syndrome de Gilles de La Tourette

Le syndrome de Gilles de La Tourette est un trouble neurologique qui se manifeste par des tics, des mouvements involontaires stéréotypés et soudains. Ces tics peuvent être assez simples, comme cligner des yeux, hausser les épaules, éternuer, renifler ou claquer de la langue. Mais ils peuvent s'avérer plus complexes : la personne ressent un besoin irrépressible de toucher les gens, de faire des pirouettes, de prononcer certains mots, de répéter ce qu'elle vient d'entendre, etc. Les personnes souffrant de cette maladie peuvent souvent, dans une certaine mesure, maîtriser leurs tics et s'isoler pour les exprimer. Ces tics semblent héréditaires, donc liés à l'expression d'un ou de plusieurs gènes qui pourraient être impliqués dans le métabolisme de neurotransmetteurs comme la dopamine.

L'immobilité envahissante de la sclérose en plaques

La sclérose en plaques est due à une réaction anormale du système de défense de l'organisme. Le système immunitaire, censé s'attaquer de manière spécifique aux corps étrangers (virus, bactéries, etc.), prend pour cible la gaine de myéline entourant les prolongements neuronaux. Il s'agit d'une maladie auto-immune.
Dans certaines zones (nord des États-Unis, Europe du Nord, sud de l'Australie, Nouvelle-Zélande), elle touche jusqu'à une personne sur 1 000. Elle se manifeste selon des troubles très divers : fourmillements, paralysie des jambes, faiblesse, anomalies de la vision. La maladie évolue par poussées qui touchent différentes parties du corps. Les traitements qui existent aujourd'hui améliorent l'état de santé des malades, mais ne guérissent pas.

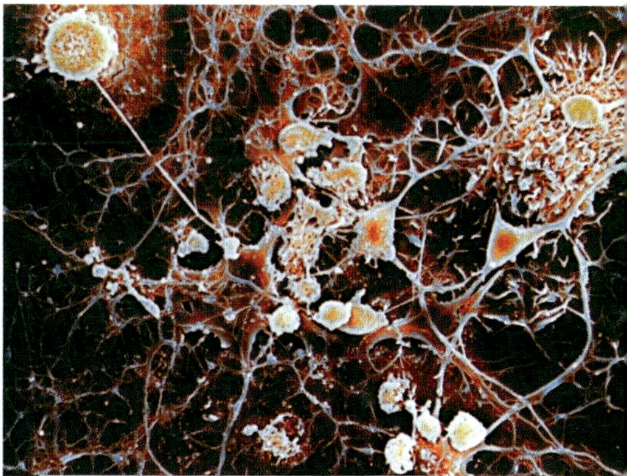

Au cours de la sclérose multiple, les cellules gliales (rondes) attaquent la gaine de myéline des neurones (au centre) du système nerveux.

Voir dans le cerveau

Comment voir ce qui se passe dans le cerveau sans l'ouvrir ? Grâce à l'imagerie médicale, qui peut enregistrer l'activité des différentes zones en temps réel. Petite revue de détail…

Le scanner

Ce n'est qu'au début des années 1960 que l'idée d'examiner le cerveau sans l'ouvrir a vu le jour. On savait depuis longtemps voir à l'intérieur du corps grâce aux rayons X : suivant la densité des tissus traversés, les rayons X sont plus ou moins réfléchis et l'analyse du signal renvoyé donne une image des différents tissus traversés. Mais les structures de l'intérieur de la boîte crânienne sont beaucoup trop complexes et intriquées pour qu'une image aux rayons X puisse être interprétée. C'est un neurologue et psychiatre américain, W. Oldendorf, qui imagine le premier un appareil fournissant une image radiographique du cerveau dans un seul plan précis : c'est ce qu'on appelle une tomographie. Dans cette coupe de cerveau, entièrement virtuelle, il faut que l'appareil émetteur de rayons X tourne autour du patient et prenne des clichés sous des angles divers, afin d'éviter que les structures ne jettent de l'ombre sur leurs voisines. La multitude d'informations obtenues nécessite un traitement informatique important avant de générer une image en deux dimensions à partir des informations recueillies par les faisceaux de rayons X tournants. Les difficultés pour passer de ce simple rayon à une image sont telles que le premier cliché d'un cerveau ne fut obtenu qu'en 1972. Mais le scanner vaudra en 1979 le prix Nobel à ses inventeurs, G. N. Hounsfeld et A. M. Cormack.

LEXIQUE

[Tomographie]
Procédé d'imagerie médicale permettant d'obtenir des vues d'un organe selon des plans de coupe déterminés.

[Spin]
Moment cinétique (en mouvement) propre d'une particule (proton par exemple).

Les téléphones portables

Plusieurs études ont récemment semé le trouble : l'usage d'un téléphone mobile ou la proximité d'une antenne-relais peuvent-ils être à l'origine de problèmes sanitaires ? Certes, on peut imaginer que l'exposition à des ondes radio ait des effets biologiques. Elle semble en effet modifier certaines fonctions cérébrales, peut-être à cause d'un échauffement localisé. Mais, pour l'instant, aucun effet nocif n'a été démontré, que ce soit sur l'animal ou sur l'homme. Quant à un lien entre téléphone mobile et tumeurs, il n'a pas pu être démontré. Il n'existe pas de preuves non plus d'une éventuelle augmentation du nombre de cancers autour des émetteurs puissants. Les recherches continuent cependant.

Tomographie par émission de positons : le cerveau en action

La tomographie par émission de positons (TEP) fut la première technique d'imagerie cérébrale permettant de voir le cerveau en pleine action. Elle apparut au milieu des années 1970.
Le principe consiste à détecter la dilatation des vaisseaux sanguins du cerveau. Cette dilatation intervient localement quand un groupe de neurones devient plus actif : elle traduit en fait un apport d'oxygène (le carburant) nécessaire à l'activité.

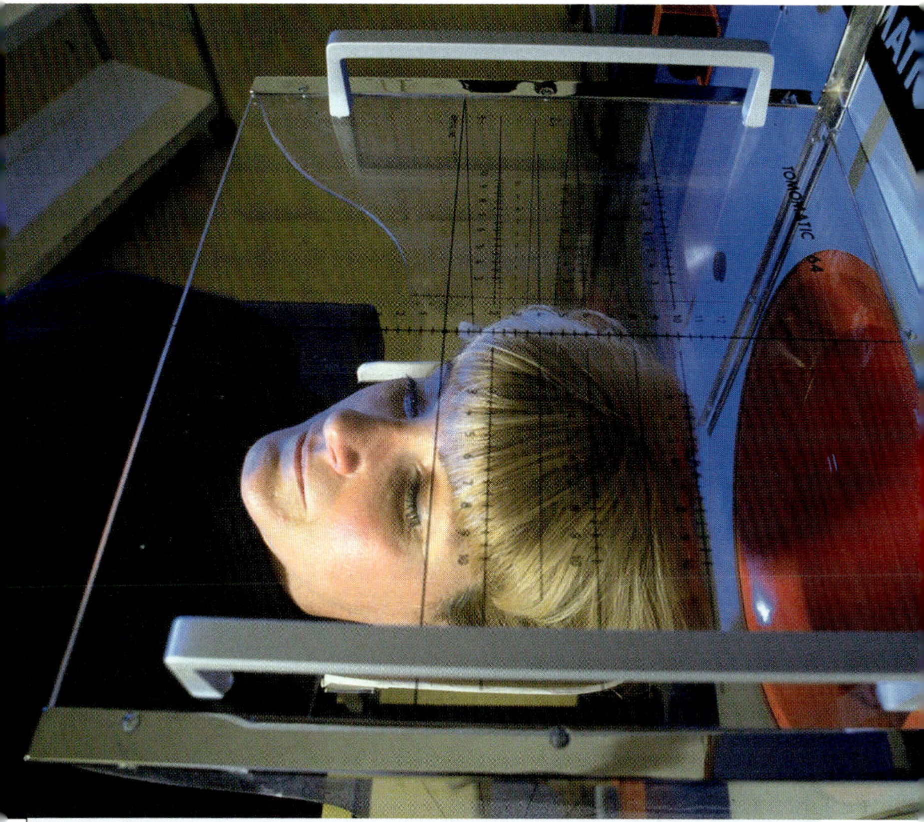

Depuis les années 1970, l'imagerie médicale a fait des progrès considérables : scanner, tomographie ɔar émission de positrons (photo ci-dessus), IRM sont autant d'outils pour voir dans le cerveau.

'our faire une TEP, on injecte au patient une solution contenant une substance ɑdioactive (eau ou glucose). Cette substance pénètre dans le système sanguin et ɔn trajet peut être suivi à la trace. Elle se désintègre en effet régulièrement, produisant es « positons » (des particules élémentaires ayant la même masse qu'un électron nais de charge contraire). Lorsque le vaisseau sanguin se dilate, la quantité e substance présente augmente – et avec elle la radioactivité, trahissant l'activité érébrale. La quantité de positons émis est analysée pour fournir une cartographie des ɔnes en action.

e grand intérêt de cette technique est qu'elle permet de choisir la substance ɑdioactive injectée, et donc le type de produit que l'on veut détecter. Il est ainsi ossible de suivre le devenir des neurotransmetteurs au cours de l'activité cérébrale : suffit pour cela d'inclure l'atome radioactif dans le neurotransmetteur lui-même.

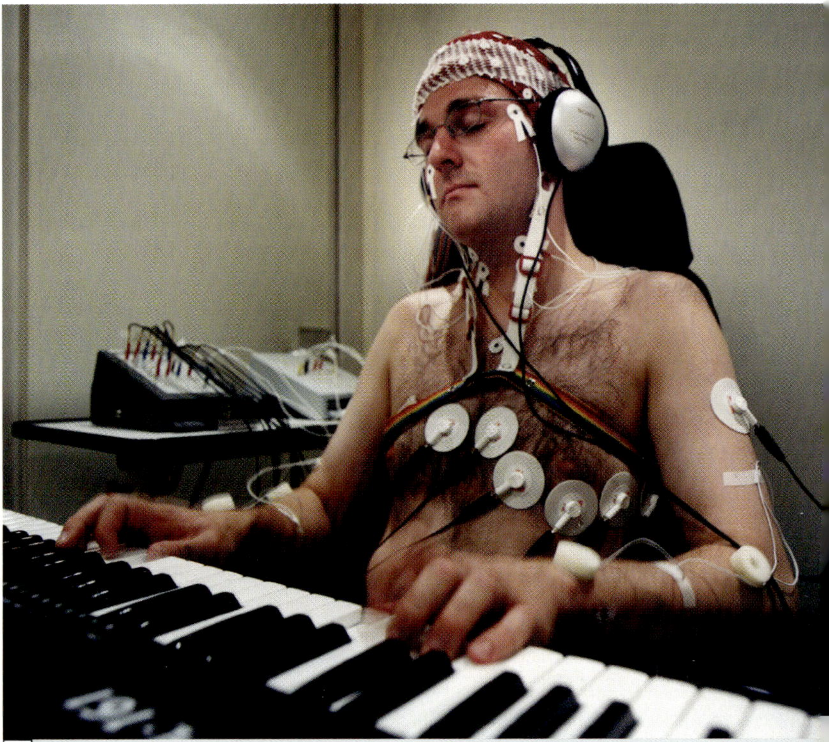

Voir le cerveau en pleine action peut permettre de comprendre son fonctionnement. Comment réagit-il quand il entend de la musique ? Quand il entend des sons inattendus ? Que se passe-t-il si ce que l'on joue est différent de ce que l'on entend ?

IRM anatomique : le cerveau au repos

L'imagerie par résonance magnétique (IRM) repose sur la capacité des atomes à osciller lorsqu'ils reçoivent des ondes. C'est le cas de l'atome d'hydrogène. Son noyau est constitué d'un proton, une particule chargée positivement. Ce proton se comporte comme un aimant avec un pôle positif et un pôle négatif. Cet aimant est appelé « spin ». Lorsque l'atome d'hydrogène est placé dans un champ magnétique, son spin s'aligne avec le champ. Puis, lorsque le champ magnétique est coupé, le proton retourne à son état antérieur (une orientation aléatoire) en restituant l'énergie que lui avait apportée le champ. Cette émission est captée sous forme d'ondes radio. L'appareil à IRM repère ainsi la présence de protons, présents en abondance dans l'eau et les graisses des tissus biologiques. Il visualise donc la structure anatomique des organes, plus ou moins riches en eau. Cette technique est utilisée pour diagnostiquer des tumeurs ou localiser des malformations, qui peuvent être, par exemple, à l'origine d'épilepsie.

L'IRM fonctionnelle : le cerveau au travail

Grâce au progrès informatique, il est devenu possible de traiter « en temps réel » les données d'un appareil d'imagerie par résonance magnétique. Les images étant disponibles quelques centièmes de seconde, la succession d'images sur l'écran permet de suivre des réactions du cerveau à une modification de l'environnement ou lors d'une tâche précise.

La molécule la plus intéressante à suivre dans ce contexte n'est plus l'eau mais l'hémoglobine. Selon que cette molécule du sang chargée de transporter de l'oxygène est porteuse ou non d'atome d'oxygène, le signal de résonance de son spin est différent. L'IRM est donc capable de détecter les flux d'oxygène dans le cerveau, liés à l'activité cérébrale. En effet, quand un groupe de neurones devient plus actif, une vasodilatation locale des capillaires sanguins cérébraux se produit automatiquement pour amener davantage de sang, et donc d'oxygène, vers ces régions plus actives.

Plusieurs études se sont ainsi penchées sur les zones du cerveau activées lorsque nous lisons, pensons, écoutons de la musique, regardons la photo de la personne dont nous sommes amoureux, etc.

Elles ont permis aussi de préciser les différences d'utilisation du cerveau par les personnes dyslexiques, par des autistes, ou par des surdoués du calcul.

Les émotions en direct

Quel est le support des émotions ?

Antonio Damasio, directeur du département de neurologie à l'université de l'Iowa, aux États-Unis, a utilisé les techniques d'imagerie fonctionnelle pour visualiser les zones actives du cerveau à certains moments précis.

En demandant à des personnes sous scanner de penser à un épisode émotionnel de leur vie, il a pu localiser des ensembles de neurones mobilisés pour certaines émotions et observer que les cartes cérébrales de la joie sont différentes de celles de la tristesse. Il a également identifié des zones impliquées dans les processus d'excitation sexuelle et de désir, mais ne prétend pas avoir détecté une région du cerveau spécifique à l'amour : c'est trop complexe !

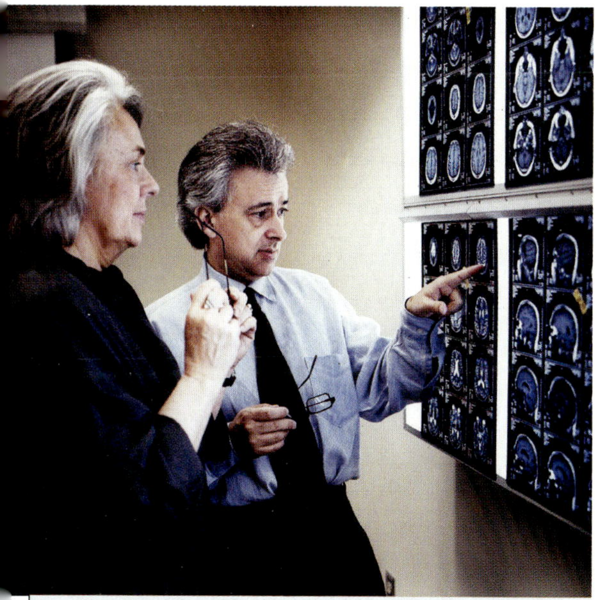

Le neurologue portugais Antonio Damasio est mondialement connu pour ses travaux sur le fonctionnement du cerveau. Il utilise l'imagerie médicale pour observer les zones sollicitées par les émotions, la parole, la prise de décision.

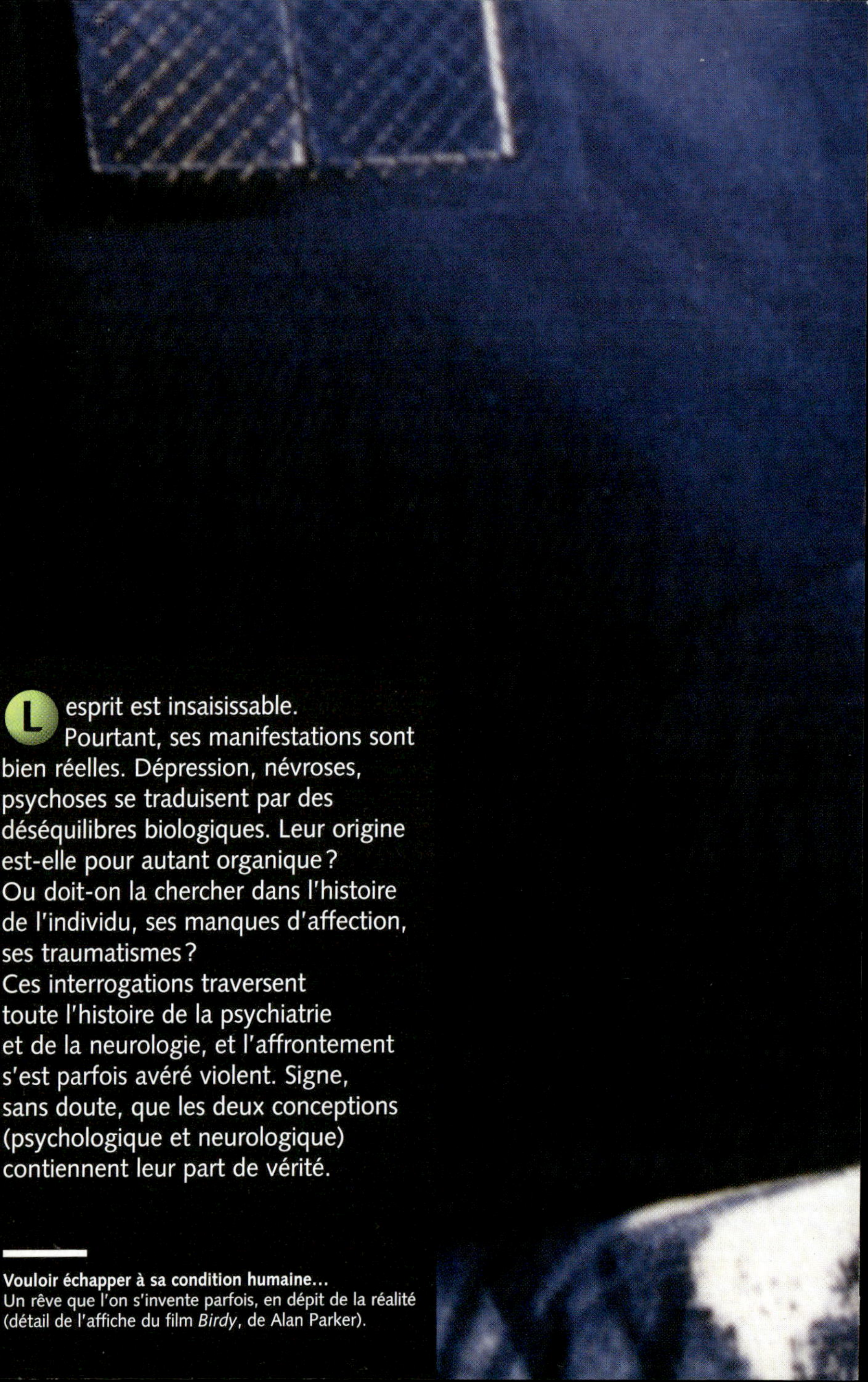

L'esprit est insaisissable. Pourtant, ses manifestations sont bien réelles. Dépression, névroses, psychoses se traduisent par des déséquilibres biologiques. Leur origine est-elle pour autant organique ? Ou doit-on la chercher dans l'histoire de l'individu, ses manques d'affection, ses traumatismes ? Ces interrogations traversent toute l'histoire de la psychiatrie et de la neurologie, et l'affrontement s'est parfois avéré violent. Signe, sans doute, que les deux conceptions (psychologique et neurologique) contiennent leur part de vérité.

Vouloir échapper à sa condition humaine…
Un rêve que l'on s'invente parfois, en dépit de la réalité (détail de l'affiche du film *Birdy*, de Alan Parker).

Les troubles de l'esprit

Petite histoire de la psychologie

De théories en expériences, la psychologie s'est constituée sur fond de controverses. Une histoire mouvementée qui conditionne encore aujourd'hui la prise en charge, diversifiée, des malades…

Paul Broca (1824-1880) était un chirurgien français. Célèbre pour ses travaux sur la localisation des fonctions cérébrales, il concevait la médecine comme un tout et s'est également beaucoup intéressé à l'anthropologie.

L'émergence de la psychologie

C'est à la fin du XIXe siècle qu'émerge la psychologie comme une discipline à part entière. Considérée jusque-là comme une partie de la philosophie, elle se rapproche de la médecine grâce aux progrès de la neurologie. À l'origine de cette naissance, il y a l'idée (apparue au siècle des Lumières en Europe) que l'âme n'est pas une entité immatérielle, simple et cohérente, dissociée du corps, mais sans doute l'expression de forces complexes. Elle peut dès lors devenir objet d'étude… L'observation des troubles mentaux commence. Des cas fondateurs permettent d'établir que des lésions du système nerveux conduisent à des altérations de la personnalité, du comportement, des capacités cognitives. C'est dans cette lignée que se situent les travaux du chirurgien français Paul Broca (1824 1880), tentant de localiser une aire du langage. L'esprit et le corps paraissent intimement liés. Mais jusqu'à quel point? Dès le départ, la psychologie navigue entre deux courants opposés, l'un privilégiant une conception très matérialiste du psychisme (déterminé par nos caractéristiques physiologiques), l'autre faisant une grande place à l'expérience individuelle et à la personnalité.

Les premiers jalons

Tout au long du XIXe siècle se développe une expérimentation psychologique qui génère des théories diverses et divergentes. Pour Johann Friedrich Herbart (1776-1841), un des pères de la psychologie allemande, les pensées, les émotions et les sentiments sont le résultat de la compétition entre plusieurs représentations (idées). Si l'une a plus de force que l'autre, cette dernière sera refoulée dans un étage inconscient. Pour ce positiviste, il existe un seuil d'intensité à partir duquel les représentations accèdent à la conscience: les données psychologiques seraient mesurables. C'est au psychologue Gustav Theodor Fechner (1801-1887) que l'on doit les premières véritables expériences et mesures psychologiques des seuils de perception sensible. Le premier laboratoire de psychologie est fondé à Leipzig

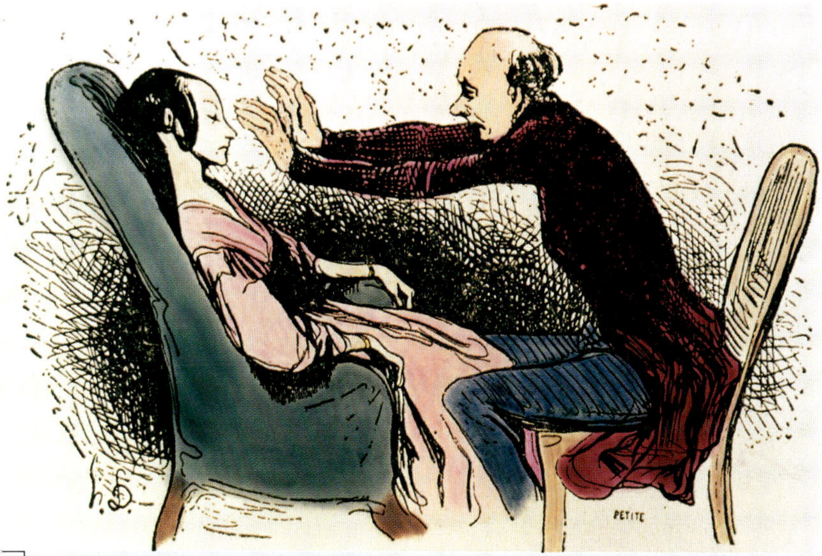

« **L'hypnotiseur** » (gravure de Daumier, XIXe siècle). Lancée par le médecin autrichien Friedrich Anton Mesmer (1734-1815), la pratique médicale de l'hypnose suppose qu'elle peut permettre de dévoiler des souvenirs enfouis, améliorer l'anxiété ou soigner des dépendances. Ces affirmations n'ont jamais été démontrées.

en 1879 par Wilhelm Wundt, qui développe l'étude de la perception des couleurs, des sensations, des mots. Mais Wundt garde l'idée d'un esprit comme force volontaire et active : la vie mentale n'est pas qu'une succession de réponses mécaniques à des sensations mesurables, elle peut être influencée par la volonté. Le laboratoire de Wundt rayonne dans tout le monde anglo-saxon, et de nombreux étudiants britanniques et américains viennent s'y former. Quasiment aucun médecin français n'aura fréquenté ce haut lieu de la psychologie allemande. La fracture entre des conceptions différentes de la psychologie était déjà forte.

LEXIQUE

[Positivisme]
Tout système philosophique qui rejette la métaphysique et voit dans l'expérimentation et l'observation des faits le seul moyen d'accéder à la connaissance.

[Psychologie cognitive]
Pan de la psychologie qui s'intéresse au traitement conscient des informations de perception.

La tradition française

Alors qu'en Allemagne et en Angleterre on se penche sur l'étude des mécanismes psychologiques courants, les Français s'attachent à l'étude des pathologies. L'hypothèse d'une continuité entre les manifestations pathologiques et la « normalité » est posée. Dans ce cadre, les pathologies seraient un moyen unique de connaissance du psychisme, une « loupe grossissante ». Le médecin français Jean Martin Charcot (1825-1893) arrive à l'hôpital de la Salpêtrière à Paris en 1862, et devient rapidement un spécialiste de l'hystérie. Il étudie et soigne cette pathologie grâce à l'hypnose, un état de conscience particulier encore énigmatique aujourd'hui, mais sous lequel les patients s'avèrent extrêmement sensibles à la suggestion. Bientôt, le médecin français Hyppolite Bernheim (1840-1919) étend l'utilisation de l'hypnose à d'autres patients. Leurs travaux montrent que certaines maladies mentales n'ont pas d'origine organique.

La révolution freudienne

C'est au tout début du XXe siècle que Sigmund Freud (1856-1939), médecin autrichien, entame la révolution psychanalytique. Élève de Charcot puis de Bernheim, il est rapidement convaincu que ce n'est pas le psychisme conscient qui est à l'origine des troubles, mais le psychisme inconscient, c'est-à-dire tout ce qui ne vient pas à la conscience mais est gardé dans des « étages inférieurs ». Mais comment l'étudier ? L'inconscient se trahirait par des éléments en apparence anodins comme les rêves, les lapsus, les petits accidents de la vie quotidienne. L'interprétation de ces indices fournirait une cohérence aux données, lacunaires, de la conscience. Freud considère le langage (et notamment les associations d'idées) comme un moyen d'expression de l'inconscient, plaçant la parole au cœur du traitement psychanalytique C'est le psychanalyste Jacques Lacan (1901-1981) qui a assuré en France le succès des idées freudiennes. Il organise les premières consultations de psychanalyse à l'hôpital. Pour lui, la psychanalyse est également un moyen pour chacun de vivre mieux.

Du béhaviorisme américain à la psychologie cognitive

Métiers de la psychologie

L'histoire mouvementée de la psychologie a conduit à des professions diverses.
Le psychologue est une personne ayant un diplôme universitaire en psychologie (Bac + 5).
Le psychiatre est un médecin spécialisé dans le traitement des affections psychologiques.
Les psychanalystes sont des personnes ayant, en théorie, suivi une analyse eux-mêmes.
Quant aux psychothérapeutes, ils n'ont pas forcément de diplômes.

Aux États-Unis, en 1913, le psychologue John Broadus Watson publie un texte qui devient le manifeste du béhaviorisme. Sa méthode d'expérimentation psychologique exclut l'introspection et se borne à l'étude des comportements. Il se base sur les travaux du Russe Ivan Petrovitch Pavlov pour affirmer que le comportement trouve son origine dans les réflexes conditionnés : pour lui, tous les comportements psychologiques se résument à des réflexes sensori-moteurs.

Parmi les participants à la conférence de psychologie de l'université Clark de Worcester (États-Unis), en 1909, figurent Carl Jung et Sigmund Freud (3e et 4e à partir de la droite au premier rang).

Mais le béhaviorisme montre vite ses limites et se voit peu à peu remplacé par la psychologie cognitive. On s'intéresse de nouveau aux processus mentaux engendrés par la réponse à une situation donnée (le comportement).
La neurologie connaît de grandes avancées, qui permettent d'élucider le traitement de l'information sensorielle, émotive, intellectuelle, par le système nerveux. La psychologie s'étudie de plus en plus sous l'angle de la neuropsychologie, qui, grâce à des découvertes passionnantes sur la plasticité du cerveau (sa capacité à interagir avec l'environnement), redonne une place importante à l'histoire individuelle.

Pour le médecin français Hippolyte Bernheim (1840-1919), l'hypnose est un état non pathologique au cours duquel la personne hypnotisée est très sensible à la suggestion.

La dépression

La tristesse profonde et prolongée, caractéristique de la dépression, semble faire partie de la nature humaine. Son origine, comme son traitement, fait toujours l'objet de controverses.

Définition clinique

Le diagnostic de dépression est posé chez les personnes qui, pendant une période relativement longue (plus de deux semaines), éprouvent des sentiments de tristesse, de dévalorisation, de culpabilité tels que leur alimentation et leur sommeil se trouvent perturbés, que leur comportement est ralenti, leurs sensations, atténuées, et qu'ils pensent au suicide. Les dépressifs ont du mal à se concentrer. Ils ressentent une grande fatigue, surtout le matin.

La dépression touche beaucoup de monde : environ 10 à 20 % de la population a déjà connu ou connaîtra un épisode de ce type. Elle peut s'avérer mortelle, puisque 15 % des graves dépressions conduisent au suicide.

Contrairement à ce que l'on entend souvent, la dépression n'est pas une maladie moderne. La mélancolie, telle qu'on la nommait autrefois, est depuis l'Antiquité la maladie psychologique qui a fait couler le plus d'encre, d'Hippocrate aux savants des Lumières. Il n'existe cependant aucun chiffre sur l'étendue de la maladie depuis l'Antiquité, et nul ne peut dire aujourd'hui avec certitude si nous assistons à une épidémie de dépression.

La dépression se manifestait autrefois par ce que l'on nommait alors la mélancolie ou le spleen (*I lock my door upon myself*, Fernand Khnopff, 1891, Nouvelle Pinacothèque de Munich).

Au cours de la dépression, les pensées négatives reviennent en boucle. Il semble qu'un mécanisme cognitif lie les pensées négatives si bien que les unes appellent irrémédiablement les autres. Le dépressif a dès lors beaucoup de mal à prendre conscience de la possibilité de sortir de son état.

L'origine de la dépression

L'environnement et les événements extérieurs (stress, deuil, échec, chômage, etc.) peuvent déclencher une période de dépression. On sait en effet qu'ils induisent des changements biologiques dans le cerveau et modifient l'humeur et les émotions. Mais ces changements ont une probabilité plus forte de se produire chez des gens présentant certains types de gènes : on dit qu'ils présentent une susceptibilité génétique aux troubles affectifs. Le rôle de ces gènes n'est cependant pas encore élucidé. En tout état de cause, il semble que, dans beaucoup de cas, certains symptômes dépressifs soient présents avant l'événement. Il existerait donc un terrain dépressif préexistant à l'événement déclencheur.
Les psychanalystes rejoignent en cela les neurologues quand ils considèrent que la dépression est l'expression d'un conflit ancien, remontant à l'enfance, qui n'aurait pas été résolu. Ce conflit resurgirait à l'occasion d'un événement jouant un rôle de révélateur.

Les traitements

La dépression est habituellement traitée à l'aide de molécules appelées « antidépresseurs ». Des études ont montré en effet que les concentrations de certains neurotransmetteurs (notamment noradrénaline et sérotonine) étaient très basses chez les dépressifs. Les médicaments sont donc utilisés pour faire remonter ces taux et, bien que l'on ne connaisse pas le mécanisme sous-jacent, ils génèrent dans les semaines qui suivent un mieux-être général. Ces traitements ne sont cependant pas tout-puissants : ils améliorent la situation d'environ deux tiers des patients. Ils peuvent également générer des symptômes de sevrage si le traitement est interrompu brutalement, et doivent donc être pris avec précaution.
Ces traitements peuvent être accompagnés d'une prise en charge psychologique (thérapie cognitivo-comportementale, interpersonnelle, psychanalyse, etc.).

Les troubles bipolaires

Les manies sont des troubles affectifs dont les manifestations semblent à l'opposé de celles de la dépression. Le patient est exubérant, euphorique, hyperactif. Pourtant, des périodes maniaques sont souvent suivies par des périodes de dépression. Ce va-et-vient constant entre manie et dépression a été baptisé trouble bipolaire (il est aussi appelé « maniaco-dépression »).

Les troubles alimentaires

Maux liés à nos sociétés d'abondance alimentaire, la boulimie et l'anorexie traduisent un mal-être dans la relation à son propre corps.

Des troubles graves

Le rapport à la nourriture dans nos sociétés d'abondance alimentaire est devenu conflictuel. Il n'est pas anodin de remarquer que plus la nourriture est disponible, et plus on vénère la minceur, qui devient dès lors le symbole d'une lutte contre la tentation, d'une maîtrise de son destin corporel. Les études épidémiologiques confirment que la fréquence des troubles alimentaires augmente dans les sociétés à haut niveau de vie.

Boulimie

Manger tout ce qui vous passe sous la dent en un minimum de temps : voilà ce qui caractérise les crises de boulimie. Les aliments consommés sont préférentiellement sucrés et gras, faciles à ingérer. Le boulimique ingurgite entre 3 500 et 20 000 kilocalories (kcal) par crise (rappelons que l'apport énergétique quotidien recommandé pour une femme moyennement active est de 2 000 kcal). La crise dure une heure ou deux, et ne s'arrête que quand le boulimique ressent des douleurs au ventre. L'immense majorité des boulimiques est constituée de jeunes femmes. La maladie touche 2 % de la population féminine occidentale, et 8 % des adolescentes. Mais 65 % des personnes boulimiques réussissent à conserver un poids normal grâce aux vomissements qu'elles se font subir.

Les crises conduisent les boulimiques à absorber tout ce qui se trouve dans le frigo, salé, sucré, dans un ordre indistinct. La faim et le plaisir de manger sont totalement absents.

La culpabilité qui suit les crises boulimiques conduit en effet de nombreuses jeunes femmes à compenser par des vomissements, des périodes de jeûne, une activité sportive excessive, et l'utilisation de laxatifs et de diurétiques. La boulimie compte de nombreuses complications, parmi lesquelles des intoxications aux vomitifs, des troubles des règles chez les femmes, une dilatation (voire la rupture) de l'estomac, des ulcères, etc. Pour sortir de ce cercle vicieux, une psychothérapie est nécessaire, mais les récidives sont fréquentes.

Anorexie

L'anorexie se définit comme une restriction majeure dans l'alimentation. Elle débute en général entre 12 et 20 ans, et sa fréquence

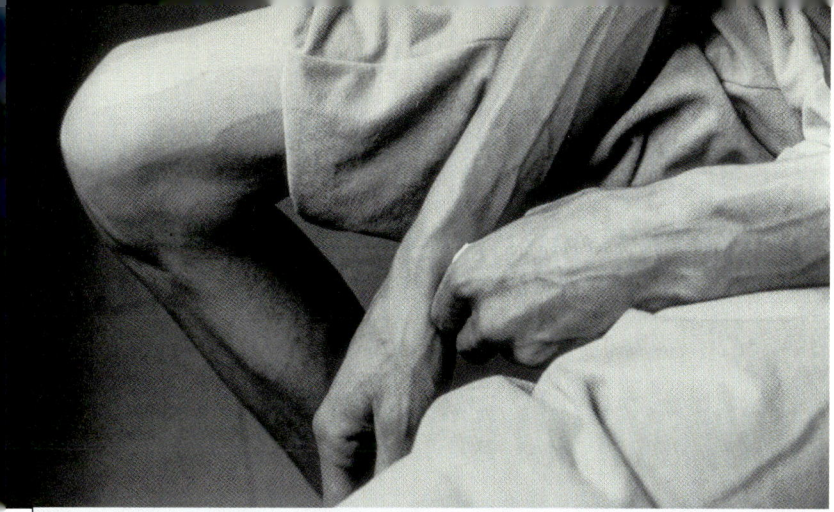

L'anorexie conduit à des états de dénutrition sévères. Mais le patient est généralement inconscient du danger qu'il court.

augmente dans les couches aisées de la population et dans les sociétés d'abondance. On y compte de 1 à 2 % d'anorexiques chez les 12-19 ans et 9 femmes pour un homme. L'anorexie peut alterner avec des crises de boulimie.
L'anorexie mentale se distingue de la simple volonté de se restreindre par le fait que la sensation de faim elle-même a disparu suite à une inhibition des signaux qui la déterminent au niveau cérébral. Les conséquences de l'anorexie sont rapides et spectaculaires. Le malade perd entre 10 et 50 % de son poids, parfois plus. Il est dénutri, souffre d'anomalies de la régulation thermique, d'arythmie cardiaque, d'ostéoporose, d'hypotension, etc. Ces complications conduisent au décès dans 5 à 9 % des cas. Le traitement est d'autant plus difficile que le malade nie le plus souvent sa maladie.

L'anorexie des enfants

La moitié des mères de très jeunes enfants se plaignent que ceux-ci ne mangent pas assez. En réalité, très peu d'enfants souffrent d'anorexie. La plupart d'entre eux mangent ce dont ils ont besoin (les besoins de certains étant relativement faibles), et leur appétit varie énormément d'un repas à l'autre. Il arrive cependant que des très jeunes enfants (dès 6 mois) refusent systématiquement toute nourriture.
À l'origine de cette attitude, on trouve généralement une période où l'enfant avait moins faim et où les parents, d'une nature anxieuse, se sont obstinés pour lui imposer de manger. Cette attitude engendre chez l'enfant le sentiment que le repas n'est plus un plaisir mais une contrainte, d'où son opposition.

Image de soi détériorée

Anorexie et boulimie sont liées à des troubles de la personnalité. Dans l'anorexie, l'adolescente cherche à se désincarner, à n'être plus qu'un esprit et elle refuse son corps de femme. Elle veut maîtriser ses pulsions. L'anorexie s'accompagne en général d'une diminution du désir sexuel. La personne boulimique, elle, est en général dépressive et perd le contrôle de son corps, ce qui provoque la culpabilité. Elle peut présenter également une boulimie sexuelle ou être prise de frénésie d'achats.

Les névroses

Les névroses perturbent, mais n'altèrent pas la personnalité en profondeur. Aux limites de l'état normal, elles sont la manifestation d'une anxiété généralisée.

Des troubles peu profonds

Traditionnellement, on distingue parmi les troubles mentaux les névroses et les psychoses. Cette distinction est parfois critiquée par certains spécialistes, mais elle reste extrêmement parlante. Contrairement aux psychoses, les névroses désignent les troubles mentaux relativement superficiels. Elles se situent à la frontière d'états normaux. Les patients sont conscients de leur trouble. Leur vie en est certes perturbée, mais, en dehors de cas extrêmes, ils ne subissent pas de gros handicap social ou professionnel.

L'anxiété se cristallise parfois sur des situations précises comme le fait de se retrouver dans un lieu étroit et fermé. La phobie de l'ascenseur est une phobie fréquente.

Quand l'anxiété envahit la vie quotidienne

Au quotidien, l'anxiété a un rôle protecteur. Elle nous aide à affronter les situations stressantes : surveillance des enfants, fuite devant un danger...

En temps normal, l'anxiété disparaît avec la cause qui lui a donné naissance. Mais il arrive qu'elle envahisse le quotidien. Les personnes anxieuses s'inquiètent alors de tout, sont irritables et éprouvent des difficultés à se concentrer. Les mécanismes biologiques impliqués dans l'anxiété normale engendrent, s'ils sont activés en permanence, des effets secondaires néfastes : brûlures d'estomac, diarrhées, transpiration, par exemple. Les personnes anxieuses peuvent manifester des crises d'angoisse, ou attaques de panique. Ces accès surviennent brutalement, sans qu'un événement déclencheur puisse être identifié, de jour comme de nuit, que l'on soit seul ou en public. Le sentiment de danger est sans objet précis et s'accompagne parfois d'une peur de mourir

Angoisses d'enfant

L'anxiété est fréquente chez l'enfant. Elle émerge de conflits internes dus au développement. L'enfant est en effet un être en maturation, contraint de quitter peu à peu les attitudes et les habitudes de l'enfance pour acquérir de nouvelles capacités et responsabilités. Cette croissance est source de conflits et se traduit par des périodes d'angoisse qui peuvent aller jusqu'à la régression.

***Le Cri* (1893), d'Edvard Munch** (musée Munch, Oslo), illustre l'angoisse apparemment sans raison qui peut saisir subitement un individu anxieux.

> **Découverte contre les TOC**
> Une découverte fortuite a récemment ouvert de nouveaux horizons : des patients parkinsoniens sur lesquels était testée une électro-stimulation cérébrale (des électrodes implantées dans leur cerveau délivraient des impulsions électriques) ont vu leur TOC s'améliorer de manière significative. Il est peu probable que la technique soit envisagée pour traiter les TOC, mais cette observation indique que des traitements organiques peuvent agir efficacement sur ces troubles.

ou de perdre la raison. Le système nerveux végétatif est très perturbé, provoquant pâleur, respiration accélérée, sueurs, tremblements, accélérations des battements du cœur, etc.

Les phobies

Pour se protéger de l'anxiété et des crises d'angoisse sans objet, certaines personnes peuvent les concentrer sur un objet ou une situation précise de manière à les combattre plus facilement. Ce mécanisme inconscient, parade à l'angoisse généralisée, est appelé phobie. La phobie cristallise la peur sur des situations particulières qui, en temps normal, ne devraient pas générer de stress. La personne cherche alors à éviter à tout prix ces situations, ce qui peut s'avérer problématique. Les phobies les plus courantes sont l'agoraphobie (peur des lieux publics et de la foule), la claustrophobie (peur des endroits fermés : ascenseurs, avions, etc.), la zoophobie (peur de certains animaux : araignées, serpents, souris, chiens, etc.).
Les phobies dites « sociales », qui concernent les peurs de toutes les situations dans lesquelles on se trouve confronté aux autres, sont sans doute les plus handicapantes.

Les troubles obsessionnels compulsifs

Les personnes anxieuses peuvent être victimes d'idées préoccupantes qui reviennent sans cesse : des obsessions. Pour les chasser ou pour empêcher qu'elles ne surviennent, elles répètent des rituels : se laver les mains des dizaines de fois par jour, ranger tout le temps ses vêtements, vérifier que l'on a bien fermé la porte, etc. Le trouble obsessionnel compulsif (TOC) est diagnostiqué à partir du moment où les rituels occupent plus d'une heure par jour et ont des conséquences négatives sur la vie quotidienne de la personne. Les TOC touchent 2 à 4 % de la population dans le monde. Ils renvoient le plus souvent à une peur de la saleté, du désordre, à la hantise de commettre un acte irréparable sur un proche, d'avoir oublié quelque chose, etc.

> **LEXIQUE**
> **[Névrose]**
> Affection psychique perturbant peu la personnalité et la vie sociale, et dont le sujet est conscient.
> **[Obsession]**
> Idée préoccupante qui revient sans cesse.

Hystérie

L'anxiété, et essentiellement la peur de ne pas plaire et de ne pas être aimé, peut conduire certaines personnes à développer de l'hystérie. Les hystériques paraissent extravertis, ont tendance à dramatiser et

à théâtraliser. Ils ont un besoin excessif de plaire, de séduire. Cette séduction passe en général par une érotisation excessive des rapports avec les autres. L'hystérie s'accompagne souvent de douleurs diverses d'origine souvent psychosomatique.
L'hystérie, connue depuis l'Antiquité, a donné lieu à des interprétations diverses : elle serait due au déplacement de l'utérus dans le corps, à la possession par le diable, à une frustration sexuelle ou tiendrait simplement de la simulation. Ce n'est qu'au XIXe siècle que l'on reconnaît, en Europe, la possibilité d'hystérie masculine et l'origine mentale de la maladie.
Depuis la fin du XXe siècle, on a tendance à ne plus parler d'hystérie en tant que telle, mais de « troubles somatoformes » et de « troubles dissociatifs ». L'hystérie reste cependant un terme très utilisé par le grand public.

Troubles chez l'enfant

Selon une expertise publiée par l'Inserm en février 2003, un enfant sur huit souffrirait de troubles mentaux.
Autisme, hyperactivité, troubles obsessionnels compulsifs, troubles de l'humeur, anxiété, anorexie, boulimie ou schizophrénie. Mais il s'écoule souvent plusieurs années entre l'apparition des troubles et leur dépistage.

Le professeur Jean-Martin Charcot avait recours à l'hypnose pour traiter l'hystérie. Ce tableau, peint en 1887 par André Brouillet, conservé à l'hôpital neurologique de Lyon, le montre devant ses étudiants à la Salpêtrière, à Paris, en train d'hypnotiser une patiente.

Les psychoses

Les psychoses constituent des atteintes chroniques graves de la personnalité. Caractérisées par une perte de lien avec la réalité, elles handicapent fortement les malades.

Schizophrénie

La schizophrénie se caractérise par des délires ou des croyances qui déforment la réalité. Le malade est victime d'hallucinations et de voix. Sa personnalité se fragmente : ses actions ne sont pas en accord avec ses pensées. Ses propos sont désorganisés. Certains schizophrènes développent une immobilité excessive, une perte de motivation, des émotions affaiblies.

LEXIQUE

[Psychose]
Affection mentale qui perturbe profondément la personnalité et les fonctions intellectuelles, et dont le sujet n'est pas ou peu conscient.

Dans son roman l'*Étrange cas du Dr Jekyll et Mr Hyde* (ici une photo du film de R. Mamoulian, en 1932), Robert Louis Stevenson évoque sur le mode fantastique les problèmes liés au dédoublement de personnalité.
Cette psychose, qui fait partie de ce que l'on appelle aujourd'hui les troubles dissociatifs, se traduit par la juxtaposition de deux personnalités en une. Elle ne doit pas être confondue avec la schizophrénie.

La maladie apparaît en général avant 30 ans. La situation du malade se détériore, se stabilise entre 30 et 55 ans, puis s'améliore. Dans les cas les plus dramatiques, elle évolue jusqu'à la mort (par suicide ou par manque de soins), la mort psychique, l'errance, l'exclusion sociale voire des actes antisociaux.
La schizophrénie est une maladie courante, puisque l'on estime que, dans le monde, entre 1 et 2 % des adultes développeront un jour ce trouble.

Des atteintes organiques

Des anomalies cérébrales ont été identifiées chez des schizophrènes : atrophie de zones du cortex, débit sanguin bas dans une partie du cortex préfrontal, concentrations anormales en récepteurs ou en neurotransmetteurs, etc.
De plus, des gènes de susceptibilité ont été identifiés. Mais ces indices ne suffisent pas pour prétendre que l'origine de la schizophrénie est organique. D'un point de vue psychologique comme neurologique,

la schizophrénie apparaît, hélas, comme une pathologie complexe. Les traitements utilisent essentiellement les neuroleptiques, certains atténuant les hallucinations, d'autres diminuant l'anxiété.

Délires, hallucinations et paranoïa

Les hallucinations sont des perceptions sensorielles générées par le cerveau et non pas par l'environnement. Le patient croit voir des choses que les autres ne voient pas, il entend des sons (généralement des voix) que personne n'entend. Il ne perçoit pas la différence entre les hallucinations et le réel et va agir comme si ces hallucinations étaient réelles.

Les délires sont des convictions profondes et continues qui, bien que de nombreux facteurs plaident contre elles, continuent à être perçues comme réelles par le patient. Certains sont persuadés d'être Dieu, d'autres d'être persécutés.

D'autres aussi pensent que le monde autour d'eux est factice et qu'ils sont les seuls à être réels. Aucun argument ne les convaincra du contraire. La paranoïa est un délire particulier qui apparaît chez des personnalités mêlant surestimation de soi, orgueil, absence d'autocritique, autoritarisme, susceptibilité. Les délires paranoïaques se révèlent très argumentés, très solides. Ils peuvent se manifester par des procédures constantes contre l'employeur, les voisins, une jalousie exacerbée, une érotomanie (la personne se croit aimée de quelqu'un), le délire de persécution.

« Le sommeil de la raison produit des monstres » (eau-forte tirée de la série des *Caprices*, vers 1795), de Francisco de Goya, est une allégorie des hallucinations que le cerveau peut générer.

Classer les maladies mentales

Le classement des maladies mentales reste arbitraire et fortement lié à des préjugés culturels, mais il est nécessaire si l'on veut être sûr de parler de la même chose. Les deux nomenclatures les plus utilisées aujourd'hui ont vu le jour en 1972.

Il s'agit de l'ICD (International Classification of Desease) de l'Organisation mondiale de la santé (OMS) et du DMS *(Diagnostic and Statistical Manual of Mental Disorders)* de l'Association américaine de psychiatrie. Ces manuels sont réactualisés régulièrement.

Les traitements des maladies mentales

Chirurgie, psychotropes, psychothérapies : l'éventail des traitements est vaste. Mais, plus ou moins efficace, ou présentant des effets secondaires, aucun ne représente la panacée.

Neurochirurgie

La chirurgie est le traitement le plus radical des dysfonctionnements du système nerveux. Elle est essentiellement utilisée pour supprimer une tumeur ou corriger une malformation des vaisseaux sanguins. Dans le cas de l'épilepsie grave, elle permet également de supprimer la petite zone cérébrale d'où partent les décharges électrochimiques. La zone étant effectivement très petite (et déjà endommagée), sa destructio n'engendre pas, ou peu, d'effets secondaires.

Dans le cadre de troubles du comportement, des stratégies d'électro-stimulation sont également tentées. Des parkinsoniens voient ainsi leurs tremblements réduits si l'on détruit par le passage d'un courant électrique les neurones qui en sont responsables.

On peut, par ailleurs, stimuler certaines zones en permanence pour faciliter la production de mouvements normaux.

LEXIQUE

[Psychotrope]
Substance chimique agissant sur le psychisme.

Pharmacologie

Des molécules artificielles peuvent circuler au sein des neurones, en jouant sur la transmission synaptique. Par leur forme, elles imitent des molécules naturelles et se lient à des récepteurs qui régulent l'activité des neurotransmetteurs. Elles peuvent ainsi prendre la place de ces derniers et bloquer les récepteurs synaptiques ou inhiber des enzymes qui détruisent les neurotransmetteurs ou encore augmenter leur action en rendant leurs récepteurs plus sensibles. Mais ces substances ont de effets secondaires. Car, dans le cerveau, les récepteurs capables de recevoir ces molécules appartiennent à des circuits neuronaux différents. Or le médicament va agir indifféremment sur les uns ou les autres.

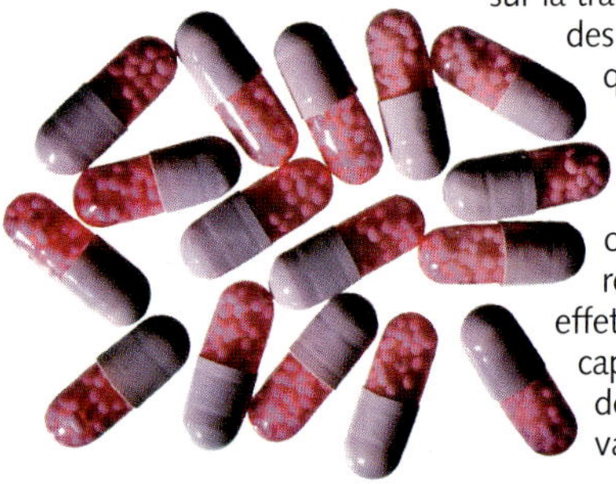

Dans le cas des neuroleptiques utilisés pour traite la schizophrénie, les molécules agissent non seule ment sur les récepteurs à dopamine du système impliqué dans la maladie, mais aussi sur ceux du système impliqué dans le contrôle des mouvements. À long terme, les neuroleptiques génèrent des mouvements incontrôlés.

Depuis 1950, l'arrivée de psychotropes a bouleversé la pratique de la psychiatrie. Ils ont conduit à redéfinir les troubles mentaux, et à les envisager de plus en plus sous l'angle d'un déséquilibre biochimique dans le cerveau.

Patient allongé, laissant libre cours à ses idées, vu du psychanalyste mais ne le voyant pas : ces principes de psychothérapie ont été instaurés par Freud, qui y voyait un moyen de guérir les patients en dévoilant leur inconscient.

Psychothérapies

La plupart des neurologues et des psychiatres le reconnaissent : les traitements médicamenteux n'ont une efficacité réelle et durable que s'ils sont associés à des psychothérapies. Les thérapies comportementales par exemple conduisent la personne à modifier son comportement et la manière dont elle pense et ressent le monde qui l'entoure. On peut supposer que les exercices comportementaux et les techniques de relaxation engendrent une réorganisation relative des circuits cérébraux. Cette hypothèse permet d'expliquer pourquoi les traitements médicamenteux et les psychothérapies semblent, dans de nombreuses maladies mentales, complémentaires. Ils agissent en effet sur la même matière, le cerveau, en utilisant sa capacité à se remodeler par interaction avec son environnement.

Molécules actives

On compte parmi les psychotropes les antidépresseurs, les anxiolytiques, les hypnotiques et les psychostimulants. Tous les antidépresseurs ont la propriété d'augmenter la concentration de certains neurotransmetteurs dans les fentes synaptiques. Les anxiolytiques agissent eux aussi sur la neurotransmission (les bêtabloquants, par exemple, bloquent certains récepteurs synaptiques). Les hypnotiques, ou somnifères, sont quasiment tous des benzodiazépines : ces molécules se lient à certains canaux au niveau des synapses pour leur permettre d'élargir leur ouverture qui se fait mal. Les psychostimulants (amphétamines par exemple) bloquent la capture des neurotransmetteurs dans la fente synaptique, ce qui augmente leur concentration et stimule la vigilance et la concentration.

Demain, l'homme bionique ?

Pour augmenter les capacités des êtres humains ou compenser les lésions de son cerveau, des chercheurs tentent d'associer celui-ci à des ordinateurs ou des robots : un mariag de haute technologie ! Pour le meilleur ou pour le pire ?

Commander des robots

John Chapin, chercheur à l'école de médecine Hahnemann, à Philadelphie (États-Unis), est un pionnier de la robotique du vivant. En octobre 2003, il publiait avec ses collaborateurs un article dans lequel il décrivait sa dernière expérience. Après avoir doté des rats d'implants cérébraux, il les avait entraînés à appuyer sur un levier pour obtenir de l'eau. Le signal électrique associé à ce mouvement avait été enregistré par les implants, puis gravé sur une puce électronique incorporée à un robot. Dès que les rats pensaient à effectuer le mouvement, le signal cérébral était reconnu par ce robot qui leur servait à boire. Rapidement, les rats ont compris qu'il n'était pas nécessaire d'effectuer le mouvement, mais que la seule volonté de l'effectuer provoquait la mise en marche du robot. Ils se sont mis ainsi à commander le robot par la pensée.

Le pouvoir de la pensée

Le dispositif testé sur les rats pourrait bien permettre à des femmes et des hommes, paralysés, de retrouver un peu d'autonomie. À la fin de l'année 2003, toujours, un chercheur autrichien de l'université de Graz annonçait de son côté que, grâce à un dispositif similaire, un homme paralysé avait pu porter un verre de bière à sa bouche et boire. Le jeune homme de 27 ans, paralysé depuis 5 ans à la suite d'un accident de plongée, a pu contrôler certain muscles par la pensée. Des électrodes étar posées à la surface de son crâne, il s'e entraîné pendant 4 mois, à raison de deux fo par semaine, pour produire une image mer tale donnant un signal électrique suffisarr ment précis pour être reconnu par l'ordinateu Lorsque ce signal était produit, l'ordinateu envoyait une stimulation aux muscles de so avant-bras (eux aussi connectés par des élec trodes) pour qu'il étende ses doigts et saisiss le verre. Mais rien ne dit encore aujourd'hu qu'un entraînement intensif pourrait pe mettre à une personne paralysée de contrôle ainsi suffisamment de muscles en mêm temps pour effectuer un mouvement cor plexe, comme la marche par exemple.

Bientôt, les cyborgs ?

Le mariage de l'électronique et de la biologi s'avère prometteur. Mais jusqu'où aller ? C envisage aujourd'hui d'implanter des éle trodes en continu dans le cerveau pour sup primer les tremblements des parkinsonien Mais la complexité des circuits de neuron est telle que l'on ne connaît pas toutes l conséquences de ces implants. Lorsqu'il s'ag de soigner une maladie grave, le risque e acceptable. Mais que dire des expérienc d'élargissement des capacités humaines ? L sulfureux Kevin Warwick, professeur c

:ybernétique à l'université de Reading Grande-Bretagne), travaille à l'émergence du :yborg, un être humain aux compétences élargies grâce à une interface homme-machine transformant sa façon de communiquer avec le monde. Le très médiatique professeur est connu pour expérimenter ses découvertes sur lui-même. C'est ainsi qu'il a implanté dans son bras et dans celui de sa femme une micro-électrode au niveau du nerf médian. Ces deux électrodes communiquant une avec l'autre, le professeur ressentait les stimulations électriques de sa femme lorsqu'elle bougeait les doigts, et réciproquement. Kevin Warwick y voit les premiers pas d'une possible communication d'un système nerveux à un autre. En implantant de telles électrodes dans le cerveau, il espère pouvoir assurer une sorte de télépathie entre humains. Cette télépathie permettrait, selon lui, de faire passer directement d'une personne à une autre des pensées, des émotions, voire, pourquoi pas, des mécanismes biologiques comme les bénéfices d'une vaccination. Connecter le cerveau humain avec des machines électroniques permettrait également de décupler ses capacités de calcul, sa mémoire, ses connaissances. Un jeu dangereux...

Militaires intéressés

Dans ce contexte, il n'est pas anodin de noter que le département américain de la Défense finance des projets de recherche sur l'interface homme-machine. Le but : développer des implants cérébraux permettant par exemple à des pilotes d'effectuer des actes qu'ils n'auront pas appris, ou d'envoyer directement dans le cerveau des braves petits soldats des images, des plans ou des visages à reconnaître. Ces perspectives s'avèrent peu réjouissantes. Même si cela ne tient pour l'instant que du fantasme, on ne peut pas s'empêcher d'imaginer un monde où nos émotions et nos connaissances seraient télécommandées.

Du fantasme à la réalité

Cependant, comme le précise le professeur Rabischong, à Montpellier, qui dirige le programme européen « Lève-toi et marche », destiné à redonner la capacité de marcher à des paraplégiques : « Je ne crois pas que l'implantation d'électrodes directement dans le cerveau ait un avenir. Certes, on peut accepter l'opération chez un parkinsonien pour éliminer les tremblements. Mais pour les gens valides, c'est autre chose. Qui aurait envie aujourd'hui de se faire ouvrir le crâne pour téléphoner sans les mains ? Les gens acceptent de moins en moins les techniques invasives. Et ils sont de plus en plus protégés des extravagances des ingénieurs par des lois et des comités d'éthique. »

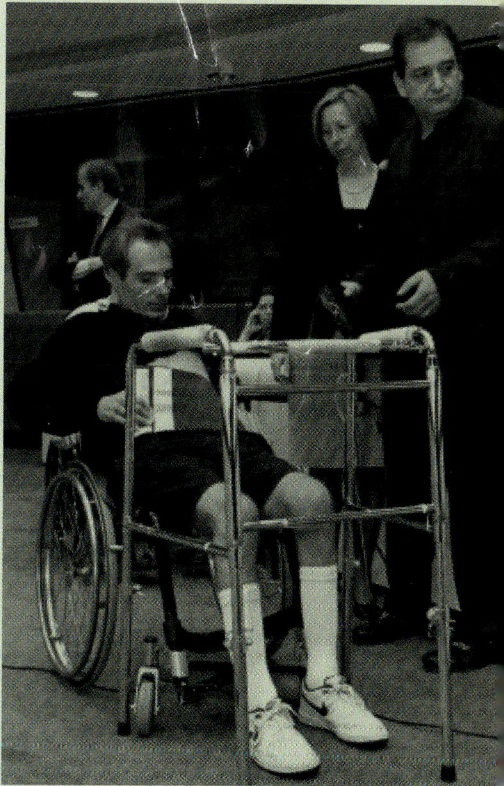

Marc Merger est le premier patient à avoir bénéficié du programme européen « Lève-toi et marche ». Ce projet vise à permettre à des personnes paraplégiques de retrouver la marche, grâce à la stimulation de certains nerfs par des électrodes.

Les psychotropes, entre produits commerciaux et médicaments efficaces

Les firmes pharmaceutiques sont parfois accusées d'inventer des maladies psychologiques leur permettant de vendre leurs produits. Les psychotropes soignent-ils ou rendent-ils malades ?

Le contexte

Dans les années 1950, la découverte de médicaments psychotropes, qui agissent sur les fonctions psychiques, a ouvert d'immenses espoirs. À partir des années 1960, toutes les grandes catégories de médicaments psychotropes sont nées. On utilise des antidépresseurs pour adoucir la mélancolie et les sels de lithium pour stabiliser l'humeur. On connaît les neuroleptiques qui soignent les agitations motrices, atténuent les délires et dissipent les hallucinations. Enfin, on a développé des anxiolytiques pour dissoudre l'anxiété (on parle alors de tranquillisants) et favoriser l'endormissement (ce sont les hypnotiques). Ces découvertes révolutionnent la psychiatrie au point de déterminer les nomenclatures psychiatriques qui apparaissent à peu près à la même époque, dans les années 1970.

Une réussite commerciale

Depuis les années 1960, les prescriptions de psychotropes ont explosé. Entre 1990 et 2000, le marché des psychotropes aux États-Unis a été multiplié par 10. Entre 1993 et 2003, la consommation d'antidépresseurs
en France a été multipliée par 20. Des méd
caments tels le Valium ou le Prozac font pa
tie de la trousse à pharmacie de base d
nombreux Occidentaux. Le succès médical
laissé place au succès commercial, alo
même que l'enthousiasme d'antan e
retombé. Les excès ont levé le voile sur le
effets secondaires. Les profits énorme
engrangés par l'industrie pharmaceutiqu
ont semé le doute : sommes-nous donc tou
malades à ce point ? Les maladies psychia
triques seraient-elles devenues un commerc
comme un autre ?

Efficacité mise en doute

Les cliniciens, qui voient les effets de ce
taines molécules sur leurs patients, le saven
certains psychotropes s'avèrent très util
pour lutter contre les attaques de paniqu
l'anxiété généralisée, le trouble obsessionn
compulsif, certaines phobies. Les psychost
mulants ont également aidé des enfants te
riblement handicapés par une hyperactivi
envahissante à surmonter leur trouble. Ma
ils ont leurs limites.

Les études d'évaluation d'efficacité des antid
presseurs ont montré qu'un tiers des patien
traités par ces sortes de médicaments r

·pondent pas aux critères de guérison définis. our le plus connu d'entre eux, le Prozac, ucune efficacité n'a été démontrée sur les atients hospitalisés souffrant de dépression èvère ! Tout se passe comme si l'on disposait e molécules actives mais sans bien connaître urs indications. Par manque de précautions, t sans doute par une volonté de rentabiliser s sommes investies dans la recherche, la tenance est à la prescription tous azimuts.

Jne mise sur le marché ritiquée

vant de mettre un médicament à disposition, firme pharmaceutique qui l'a mis au point et ui a donc effectué les recherches sur le sujet oit prouver son innocuité et son efficacité : ela revient, en pratique, à publier toutes les tudes cliniques pertinentes qui concernent ce édicament. Mais, comme la firme est responsable de la commercialisation du médicaent qu'elle a élaboré, et que, donc, son ojectif (légitime) est d'en vendre le plus posble, les résultats peuvent se trouver biaisés : il st en effet courant de constater, par exemple, ue des études négatives sont, comme par asard, non publiées, oubliées dans la somme es recherches à communiquer. Par ailleurs, es études fonctionnent en enrôlant des atients qui, pour les uns, reçoivent un plaebo (c'est-à-dire une pilule sans molécule ctive) et, pour les autres, le médicament éveloppé. Or les fabricants ont tendance à voir en les rééchantillonnant les groupes de atients après l'étude : on élimine notamment s patients qui ont abandonné le traitement ceux qui répondent de manière atypique ». Ce lissage des données biaise les sultats et augmente l'efficacité apparente es produits. C'est ce qu'ont montré plusieurs udes indépendantes. Selon elles, l'efficacité es antidépresseurs ISRS (inhibiteurs sélectifs e la recapture de la sérotonine, les plus presits) ne dépasserait que de 2 à 20 % celle des acebos.

es risques sous-estimés

généralisation de la consommation des ychotropes a révélé des effets secondaires qui avaient été occultés lors des études cliniques préliminaires. Des phénomènes de dépendance sont apparus. Les antidépresseurs ISRS provoquent, comme les benzodiazépines et les psychostimulants, des symptômes de manque lorsque le traitement est arrêté brutalement. Les patients éprouvent de grandes difficultés à arrêter de prendre leur médicament. On a même vu des nouveau-nés pris de convulsions à la naissance, leur organisme réclamant la dose quotidienne de psychotrope que prenait leur mère et qui leur était fournie lorsqu'ils étaient dans le corps maternel. Cette dépendance est donc bien réelle, et devrait conduire à plus de prudence dans la prescription et le suivi des traitements.

Les études cliniques ont eu également tendance à sous-estimer les effets secondaires, et notamment le plus grave d'entre eux : le suicide. On sait aujourd'hui que certains antidépresseurs augmentent les tendances suicidaires. Ces effets seraient également vérifiés chez les enfants et les adolescents auxquels on prescrit souvent des psychotropes sans avoir de données cliniques.

Généralisation inquiétante

Bien que les conditions de prescription des psychotropes restent floues, il ne fait aucun doute que ces médicaments s'avèrent utiles dans certains cas. Mais ce qui inquiète et conduit à des dérives alarmantes est sans doute leur généralisation. L'exemple des amphétamines prescrites aux enfants hyperactifs est emblématique. L'efficacité de ces psychostimulants est reconnue par la plupart des pédopsychiatres et confirmée par de multiples études. Mais, à 11 ans, un Américain blanc sur 10 est sous psychostimulant ! Pour les jeunes Américains, ces amphétamines sont devenues une molécule de la performance qui améliore la capacité de concentration plus qu'une molécule destinée à soigner une maladie. D'ailleurs, les élèves ne la prennent que pendant l'année scolaire, et pas pendant les week-ends. La médicalisation des patients sains ou peu gravement atteints décrédibilise les psychotropes.

Lexique

[Acide aminé]
Substance organique, constituant fondamental des protéines.
Syn. : aminoacide.

[Acquis]
Que l'on a obtenu.

[Aire de Broca]
Zone du lobe frontal dédiée à la production de sons du langage articulé.

[Aire de Wernicke]
Zone du lobe temporal impliquée dans la compréhension du sens des mots.

[Amygdale]
Masse de substance grise située dans le rhinencéphale et qui joue un rôle important dans la régulation des réactions émotionnelles ainsi que dans les processus d'apprentissage.

[Apprentissage]
Processus d'acquisition, par un animal ou un être humain, de connaissances ou de comportements nouveaux, sous l'effet des interactions avec l'environnement.

[Astrocyte]
Cellule filtrant tout ce qui provient du système sanguin et servant d'intermédiaire entre les vaisseaux et les neurones.

[Atome]
Constituant élémentaire de la matière. Les assemblages d'atomes constituent les molécules.

[Aura]
Symptôme annonçant le déclenchement prochain d'une crise liée à une maladie, comme l'épilepsie ou la migraine.

[Auto-immune]
Désigne une maladie engendrée par un dysfonctionnement du système immunitaire de défense de l'organisme, lequel se retourne contre certaines de ses propres cellules.

[Axone]
Prolongement du neurone qui conduit le message nerveux de ce neurone vers d'autres cellules.

[Biochimique]
Relatif aux réactions chimiques qui se produisent chez les êtres vivants.

[Bionique]
Application de processus biologiques à des fins militaires ou industrielles.

[Bulbe]
Portion inférieure de l'encéphale, contenant en particulier des centres réflexes respiratoires et cardiaques.

[Capillaire]
Vaisseau microscopique à paroi très fine, contenant du sang, et qui apporte l'oxygène aux cellules et évacue déchets et gaz carbonique.

[Cellule]
Élément constitutif fondamental des êtres vivants, contenant l'information génétique nécessaire à son propre fonctionnement et à sa reproduction.

[Cellules souches]
Cellules non spécialisées capables de se diviser à l'infini et de se différencier en tous les types de cellules de l'organisme.

[Cerveau]
Partie supérieure de l'encéphale, comprenant les deux hémisphères cérébraux et le diencéphale.

[Cervelet]
Partie de l'encéphale située sous le cerveau intervenant dans le tonus musculaire, le maintien de l'équilibre, les mouvements automatiques et la coordination des mouvements volontaires.

[Cilié, ciliée]
Se dit d'une cellule, d'un organe garni de cils.

[Cochlée]
Partie de l'oreille interne où se trouve l'organe récepteur de l'audition (organe de Corti).

[Cognitif, cognitive]
Relatif aux processus mentaux par lesquels un être vivant acquiert et traite des informatio issues de son environnement.

[Cône d'implantation]
Racine de l'axone.

[Conscience]
Perception subjective de soi-même comme une entité personnelle et distincte du monde extérieur.

[Corps striés]
Masses de substance grise situées dans la partie interne et inférieure de chaque hémisphère cérébral, intervenan dans la motricité.

[Cortex]
Couche de substance grise située à la surface des hémisphères cérébraux, contenant les corps cellulaires de neurones et responsable des fonctions les plus évoluées du cerveau.

[Cybernétique]
Étude des processus de commande et de communicatio chez les êtres vivants, dans les machines et les systèm sociologiques et économiques. Relatif à la cybernétique.

[Dentrite]
Prolongement d'un neurone, qui reçoit les messages nerveux en provenance d'autres neuron ou de cellules sensorielles.

[Diencéphale]
Partie du cerveau située entre les hémisphères, qui comprend le troisième ventricule au centre, l'hypothalamus en bas et, de part et d'autre, le thalamus.

[Effecteur, effectrice]
Se dit d'un organe, d'une cellule qui effectue une action, à la fin d'une série de phénomènes déclencheurs.

[Électrode]
Élément conducteur du courant électrique utilisé en médecine ou en physiologie pour stimuler le système nerveux par exemple, ou bien pour recueillir les potentiels bioélectriques.

[Électroencéphalogramme]
Technique d'enregistrement de l'activité électrique du cortex cérébral.

[Électron]
Particule fondamentale portant une charge électrique négative et qui est un constituant universel de la matière.

[Encéphale]
Ensemble comprenant le cerveau, le tronc cérébral et le cervelet.

[Enzyme]
Protéine de l'organisme qui facilite une réaction chimique spécifique.

[Épendymaire (cellule)]
Cellule de l'épendyme, un tissu mince qui tapisse les ventricules cérébraux et le canal central de la moelle épinière.

[Épidémiologie]
Discipline médicale qui étudie les facteurs intervenant dans l'apparition des maladies, leur fréquence, leur distribution géographique et socio-économique et leur évolution.

[Épiphyse]
Glande hormonale située à la face postérieure du diencéphale, qui sécrète la mélatonine (hormone qui intervient notamment dans la régulation des rythmes biologiques).

[Épithélium]
Tissu composé de cellules formant un revêtement externe (épiderme) ou interne (muqueuses), ou constituant des glandes.

[Exocytose]
Libération de la substance contenue dans une vésicule intracellulaire vers le milieu extra-cellulaire par fusion des membranes de la vésicule et de la cellule.

[Gène]
Segment d'ADN transmis héréditairement et déterminant la composition d'une protéine.

[Glande]
Organe, tissu ou cellule qui réalise la sécrétion d'une substance, puis son excrétion.

[Glial, gliale]
Relatif à l'ensemble de cellules qui assurent l'entretien des neurones du système nerveux central.

[Grise (matière, substance)]
Variété de tissu du système nerveux central qui constitue, en particulier, le cortex cérébral et assure la fonction nerveuse proprement dite.

[Hépatique]
Relatif au foie. Qui souffre d'une affection chronique du foie.

[Hippocampe]
Zone du lobe temporal de chaque hémisphère cérébral faisant partie du rhinencéphale et jouant un rôle dans le comportement.

[Homonculus]
Schéma indiquant la position occupée par l'image tactile ou motrice de chaque partie du corps dans le cerveau.

[Hormone]
Substance sécrétée par une glande endocrine, déversée dans le sang et exerçant une action spécifique sur le fonctionnement d'un ou de plusieurs organes ou sur un processus biochimique.

[Hypophyse]
Glande située à la base du cerveau et produisant des hormones.

[Hypothalamus]
Région située au centre du cerveau, contrôlant le système nerveux végétatif et une partie du système hormonal.

[Inconscient]
Qui se produit sans qu'on en ait conscience. Ensemble de phénomènes mentaux qui échappent à la conscience.

[Inhibiteur, inhibitrice]
Se dit d'une substance, d'une cellule, d'un phénomène qui bloquent ou retardent une réaction chimique ou un processus physiologique.

[Inné]
Qui existe dès la naissance.

[Innerver]
Se distribuer à un organe, à une région du corps, en parlant d'un nerf.

[Ion]
Atome ou groupe d'atomes portant une charge électrique.

[Latéralisation]
Spécialisation progressive, au cours de la petite enfance, de chacun des hémisphères du cerveau dans ses fonctions respectives.

[Limbique]
Relatif au rhinencéphale, partie la plus primitive du cortex cérébral.

[Maladies neurodégénératives]
Maladies caractérisées par la dégénérescence progressive et souvent inéluctable de tout ou partie du système nerveux.

[Méninge]
Chacune des trois membranes

(pie-mère, arachnoïde, dure-mère) entourant l'encéphale et la moelle épinière.

[Métabolisme]
Ensemble des réactions chimiques de transformation de matière et d'énergie, catalysées par des enzymes, qui s'accomplissent dans tous les tissus de l'organisme humain.

[Mnésique]
Relatif à la mémoire. Syn. : mnémonique.

[Moelle épinière]
Partie du système nerveux central située dans la colonne vertébrale, jouant un rôle de centre nerveux responsable de certains réflexes et de conduction des messages entre les nerfs qui lui sont rattachés et l'encéphale.

[Molécule]
Assemblage d'atomes de composition fixe.

[Moteur, motrice]
Qui produit un mouvement, qui le transmet. Se dit d'un nerf qui assure la motricité d'un organe.

[Myéline]
Substance lipidique et protéique formant une gaine autour de certaines fibres nerveuses et servant à accélérer la conduction des messages nerveux.

[Narcolepsie]
Affection caractérisée par des accès brusques de sommeil.

[Néocortex]
Partie la plus complexe du cortex cérébral, occupant chez l'homme la quasi-totalité de la surface des hémisphères.

[Nerf]
Cordon blanchâtre composé de fibres nerveuses, conduisant différents messages depuis le système nerveux central vers les organes, et inversement.

[Neuroblaste]
Cellule nerveuse embryonnaire.

[Neuroleptique]
Se dit d'un médicament psychotrope utilisé principalement dans le traitement des psychoses et dans celui de l'agitation d'origine psychiatrique.

[Neurologie]
Spécialité médicale qui étudie le système nerveux et soigne ses maladies.

[Neurone]
Cellule de base du tissu nerveux, capable de recevoir, d'analyser et de produire des informations. La partie principale est nommée « corps cellulaire du neurone ».

[Neurotransmetteur]
Molécule libérée par un neurone pour transmettre de l'information à d'autres cellules. Syn. : neuromédiateur.

[Névroglie]
Ensemble de cellules assurant l'entretien des neurones du système nerveux central. Syn. : cellules gliales.

[Névrose]
Affection psychique perturbant peu la personnalité et la vie sociale, et dont le sujet est conscient.

[Nocicepteurs]
Récepteurs des stimulus potentiellement dangereux, en général liés à la sensation de douleur.

[Nœud de Ranvier]
Interruption de la gaine de myéline le long d'une fibre nerveuse myélinisée.

[Obsession]
Idée préoccupante qui revient sans cesse.

[Oligodendrocyte]
Cellule de la névroglie, responsable de la formation des gaines de myéline des neurones.

[Organelle]
Chacun des éléments distincts, entourés d'une membrane, présents dans les cellules à noyau.

[Parapsychologie]
Études des phénomènes paranormaux ayant une origine psychique, ou jugés tels.

[Parasympathique]
Se dit de la partie du système nerveux végétatif qui met l'organisme au repos (ralentissement du cœur, stimulation de la digestion, etc.).

[Pathogène]
Qui peut provoquer une maladie

[Phéromone]
Substance chimique qui, émise à dose infime par un animal dans le milieu extérieur, provoqu chez ses congénères des comportements spécifiques.

[Plasticité]
En neurologie, capacité des neurones à se modifier sous l'influence de l'environnement.

[Polarisation]
Différence de concentration des charges de part et d'autre d'une membrane.

[Positivisme]
Tout système philosophique qui rejette la métaphysique et voit dans l'expérimentation et l'observation des faits le seul moyen d'accéder à la connaissance.

[Positon]
Antiparticule de l'électron, de charge positive.

[Potentiel d'action]
Phénomène électrique très cour se propageant le long d'une fibr nerveuse.

[Prion]
Particule infectieuse protéique, de nature et de mécanisme d'action mal connus, qui serait l'agent des encéphalopathies spongiformes.

[Protéine]
Macromolécule constituée par une très longue chaîne d'acides aminés.

'sychanalyse]
Méthode de psychothérapie
ventée par S. Freud vers 1895
t reposant sur l'exploration
e l'inconscient psychique.
echnique psychothérapeutique
tilisant cette méthode.

'sychiatrie]
pécialité médicale dont
objet est l'étude et le traitement
es maladies mentales,
es troubles psychologiques.

'sychique]
ui concerne la vie de l'esprit
ans ses aspects conscients
inconscients.

'sychologie]
tude scientifique des faits
sychiques.

'sychologie cognitive]
an de la psychologie qui
ntéresse au traitement
nscient des informations
perception.

'sychose]
ffection mentale qui perturbe
ofondément la personnalité
les fonctions intellectuelles,
dont le sujet n'est pas
ı peu conscient.
s psychoses se caractérisent
r une perte de contact
ec la réalité.

sychosomatique]
dit d'un trouble organique
primant un conflit d'origine
ychique.

sychotrope]
bstance chimique agissant
r le psychisme.

achidien]
latif au rachis (colonne
rtébrale) ; en rapport
ec le rachis.

adioactivité]
opriété de certains noyaux
omiques de perdre
ontanément de leur masse
émettant des particules
des rayonnements
ctromagnétiques.

[Réflexe]
Réponse immédiate et involontaire d'un organe, d'une partie du corps, déclenchée par le système nerveux à la suite d'une stimulation sensitive ou sensorielle.

[Schwann (cellule de)]
Cellule entourant l'axone d'un neurone en s'enroulant sur elle-même un grand nombre de fois. Le contact entre deux de ces cellules constitue un nœud de Ranvier.

[Séquence motrice]
Séquence de plusieurs mouvements considérée comme un tout par le cerveau.

[Somatique]
Qui concerne le corps (par opposition à psychique).

[Spin]
Moment cinétique (en mouvement) propre d'une particule (proton par exemple).

[Stimulus, stimuli]
Facteur(s) agissant sur une cellule, sur un organe, sur l'organisme en provoquant une réponse (musculaire, nerveuse, etc.).

[Sympathique]
Se dit de l'un des deux systèmes nerveux végétatifs (l'autre étant le parasympathique), dont le rôle est de préparer l'organisme à l'activité.

[Synapse]
Région où deux zones de la membrane de deux neurones se rapprochent et échangent de l'information.

[Système nerveux]
Ensemble d'organes et de structures impliqués dans la réception sensitive et sensorielle, la commande motrice, la coordination des organes et des fonctions du corps et la vie psychique.

[Système nerveux central]
Partie du système nerveux comprenant l'encéphale et la moelle épinière.

[Système nerveux périphérique]
Partie du système nerveux comprenant les nerfs issus du tronc cérébral ou de la moelle épinière.

[Thalamus]
Gros noyau gris situé à la base du cerveau, jouant un rôle dans la transmission des messages sensitifs au cortex.

[Thyroïde]
Glande endocrine située devant la trachée, sécrétant plusieurs hormones.

[Tomographie]
Procédé d'imagerie médicale permettant d'obtenir des vues d'un organe selon des plans de coupe déterminés.

[Tronc cérébral]
Partie de l'encéphale qui unit la moelle épinière aux hémisphères cérébraux, formée, entre autres, du bulbe rachidien, et par où transitent toutes les grandes voies sensitives et motrices.

[Tube neural]
Formation cylindrique qui se crée chez l'embryon et qui donne naissance à tout l'axe nerveux.

[Végétatif, végétative]
Qui assure l'entretien de la vie et de la croissance des animaux et des plantes, sans concerner les phénomènes de reproduction ni la vie psychique (respiration, circulation, sécrétions glandulaires, digestion, thermorégulation).

[Ventricule]
Chacune des quatre cavités de l'encéphale, contenant du liquide céphalo-rachidien.

[Vésicule (synaptique)]
Élément qui, dans la partie de l'axone proche d'une synapse, contient un médiateur chimique.

[Voméronasal (organe)]
Région de la cavité nasale sensible aux phéromones.

Bibliographie

Livres

Aimé-Genty (Nicole) [sous la direction de]
Le Cerveau, dictionnaire encyclopédique,
Vuibert, Paris, 1997

André (Christophe) et Légeron (Patrick)
La Peur des autres : trac, timidité et phobie sociale,
Odile Jacob, Paris, 2003

Cardu (Bruno)
Neuropsychologie du cerveau : relations catégorielles cerveau-pensée,
De Boeck-Wesmael, Bruxelles, 1996

Collet (Christian)
Mouvements et Cerveau : neurophysiologie des activités physiques et sportives,
De Boeck, Paris, 2001

Les Drogues et le Cerveau,
Pour la science, Paris

Feldmeyer (Jean-Jacques)
Cerveau et Pensée : la conquête des neurosciences,
Georg, Genève, 2002

Houdé (Olivier), Mazoyer (Bernard) et Tzourio-Mazoyer (Nathalie)
Cerveau et Psychologie : introduction à l'imagerie cérébrale anatomique et fonctionnelle,
PUF, Paris, 2002

Jeannerod (Marc)
Le Cerveau intime,
Odile Jacob, Paris, 2002

Kolb (Bryan) et Whishaw (Ian)
Cerveau et Comportement,
De Boeck, Paris, 2002

Revues

Alzheimer, Cerveau sans mémoire, *la Recherche*, hors-série n° 10, janvier 200

Cerveau & Psycho, le Magazine de la psychologie et des neurosciences

Les Drogues et le Cerveau, hors-série de *Science et Vie*, n° 217

Du langage aux langues, hors-série de *Science et Vie*, n° 227

La Mémoire, hors-série de *Science et Vie*, n° 212

Les Molécules du bonheur, la Recherche, hors-série n° 16, août 2004

Les Secrets de l'intelligence, hors-série de *Science et Vie*, n° 222

Le Sommeil, hors-série de *Science et Vie*, n° 220

Le Sommeil et le Rêve, la Recherche, hors-série n° 3, avril 2000

La Vision, hors-série de *Science et Vie*, n° 216

Adresses utiles

Général

ite didactique avec plusieurs iveaux de difficulté de lecture t des animations : /ww.lecerveau.mcgill.ca/

édération pour la recherche ır le cerveau (FRC-NEURO-ON)
, avenue Percier, 75008 Paris
él. : +33 1 58 36 46 46
ww.frc.asso.fr/rub2_pres.html

ssociation pour développement de recherche sur le cerveau : la moelle épinière – Institut ı cerveau et de la moelle pinière (ADREC-ICM)
HU Pitié-Salpêtrière
âtiment Paul Castaigne
7-83, boulevard de l'Hôpital,
5561 Paris Cedex 13
él. +33 1 42 16 19 47
ww.icm-institute.org/

euroScience Canada
155, rue Guy, Bureau 900
ontréal (Québec)
3H 2R9 — Canada
él. : +1 514 989 2989
ww.neurosciencecanada.ca

ciété des Neurosciences
ase 67, Université Victor-galen Bordeaux 2
6 rue Léo-Saignat,
076 Bordeaux Cedex
ww.neurosciences.asso.fr/

Société des Neurosciences ganise chaque année, avec le IRS, la Semaine internatio-le du Cerveau : vaste cam-gne d'information, pour le and public, sur l'importance s recherches sur le cerveau, it d'un travail conjoint entre les États-Unis et différents pays européens, dont la Belgique.

Association française de psychiatrie — Syndicat des psychiatres français
147, rue Saint-Martin,
75003 Paris
Tél. : +33 1 42 71 41 11

Société française de psychologie (SFP)
28-32, rue Serpente,
75006 Paris
Tél. : +33 1 40 51 99 36
www.sfpsy.org/

Pathologies

France Alzheimer
21, boulevard Montmartre,
75002 Paris
Tél. : +33 1 42 97 52 41
www.francealzheimer.org/

Fondation Française pour la Recherche sur l'Épilepsie (FFRE)
9, avenue Percier, 75008 Paris
www.fondation-epilepsie.fr/

Association pour la recherche sur la sclérose en plaques
4, rue Chéreau,
75013 Paris
www.arsep.org/

Fédération des pathologies du sommeil
Hôpital Pitié-Salpêtrière,
47, boulevard de l'Hôpital,
75651 Paris Cedex 13

Association France-Migraine (AFM)
59, avenue Kléber,
75116 Paris
www.sosmigraine.com

Association Action REMY — Maladies orphelines du système nerveux (enfants et adolescents)
16, rue d'Orgivaux,
95760 Valmondois
Tél. : +33 1 34 73 04 35

Association France Parkinson
37 bis, rue La Fontaine,
75016 Paris
Tél. : +33 1 45 20 22 20
http://wd014.lerelaisinternet.com/sites/franceparkinson/

Association de recherche sur les troubles bipolaires (ARTBP)
Dr C. Gay
274, bd Raspail,
75014 Paris
Tél. : +33 1 47 35 64 01

Association française de malades souffrant de TOC (AFTOC)
C. Demonfaucon
12, route de Versailles,
78117 Chateaufort
Tél. : +33 1 39 56 67 22

Schizo ?... Oui ! Faire face à la schizophrénie
54, rue Verginaud, Bât. D,
75013 Paris
Tél. : +33 1 45 89 49 44
et +33 1 42 08 03 44

Autisme France
1 209, chemin des Campelières,
06254 Mougins Cedex
Tel : +33 4 93 46 01 77
http://autisme.france.free.fr/index1.htm

Autisme Europe
www.autismeurope.org/

Index

Les chiffres en *italique* renvoient aux illustrations. Les pages en **gras** présentent le thème de façon significative.

Crédits des illustrations

Photographies

1 © CNRI / SPL / COSMOS ; 4-5 © VVG / S.P.L. / COSMOS ; 6 © Patrick Allard / REA ;
8-9 © Simon Fraser / S.P.L. /COSMOS ; 10 © Frédéric Maigrot / REA ;
12 VVG / S.P.L. / COSMOS ; 14 © Du Cane Medical Imaging Ltd. / COSMOS ;
16 © David Mc. Carthy / COSMOS ; 18 © HOA-QUI ; 20 © Rick Gomez / CORBIS ;
21 © Michael Pole / CORBIS ; 22 © David Butow / REA ; 23 © S.P.L. / COSMOS ;
26 © Tom Brakefield / CORBIS ; 28-29 © David Mc. Carthy / S.P.L. / COSMOS ;
32 © VVG / S.P.L. / COSMOS ; 35 © Eye of Science / S.P.L. / COSMOS ;
38 © James King-Holmes / S.P.L. / COSMOS ; 40 © John Bavosi / S.P.L. / COSMOS ;
41 © Brookhaven National Laboratory / S.P.L. / COSMOS ;
42-43 © Mehau Hulyk / S.P.L. / COSMOS ; 44 © José Luis Pelaez, Inc. / CORBIS ;
46 © Martin Dohrn / S.P.L. / COSMOS ; 47 © CNRI / S.P.L. / COSMOS ;
48 © Pierre Gleizes / REA ; 50 © Patrick Allard / REA ; 52 © Pr. Castano-Overseas / CNRI ;
55 © VVG / S.P.L. / COSMOS ; 57 © Ondrea Barbe / CORBIS ; 59 © Patrick Allard / REA ;
60 © Erich Lessing / AKG-Images ; 61 © The Cover Story / CORBIS ;
62-63 © Bryan F. Peterson / CORBIS ; 64 © Partick Allard / REA ;
65 © Wellcome Dept. of Cognitive Neurology / S.P.L. / COSMOS ; 66 © Ron Watts / CORBI
67 © Association frères Lumière / ROGER-VIOLLET ; 68 © Archives Larousse ;
69 © Jean-Michel Clajot / REA ; 70 © Lipnitzki / ROGER-VIOLLET ; 71 © Bettmann / CORBI
73 © Bettmann / CORBIS ; 74 © Sidney Moulds / S.P.L. / COSMOS ; 75 © Uli Baatz / LAIF-R
76 © Gary Kufner / CORBIS ; 77 © Laura Dwight / CORBIS ;
79 © Jeremy Walker / S.P.L. / COSMOS ; 80-81 © Valérie Macon / REA ;
83 © S.P.L. / COSMOS ; 84 © Patrick Allard / REA ; 85 © Simon Fraser / S.P.L. / COSMOS ;
86 © Stephan Elleringmann / REA ; 87 © Patrick Allard / REA ; 88 © Zephyr / S.P.L. / COSMC
89 © David Becker / S.P.L. / COSMOS ; 91 © Heiko Meyer / LAIF-REA ;
92 © Annabella Bluesky / S.P.L. / COSMOS ; 93 © Dr. John Zajicek / S.P.L. / COSMOS ;
95 © Patrick Allard / REA ; 96 © Stephan Elleringmann / LAIF-REA ; 97 © Imke Lass / LAIF-RE
98-99 © CHRISTOPHE L ; 100 © Archives Larousse ; 101 © Sheila Terry / S.P.L. / COSMOS ;
102-103 © CORBIS ; 103 © Archives Larousse ; 104 © Archives Larousse ;
105 © Garry Watson / S.P.L. / COSMOS ; 106 © Sheila Terry / S.P.L. / COSMOS ;
107 © Louise Oligny / REA ; 108 © Antoine Devouard / REA ;
109 © The Munch-Museum - The Munch Ellingsen Group Adagp, Paris 2005, © Archives Larou
110-111 © Archives Larousse ; 112 © Archives Larousse ; 113 © Archives Larousse ;
114 © Cordelia Molloy / S.P.L. / COSMOS ; 115 © Antoine Devouard / REA ;
117 © Roininen Juha / CORBIS.

Dessins et infographies

Archives Larousse, Laurent Blondel, Fabrice Dadoun, Denis Horváth, François Poulain, Michel Saemann

Impression par I.M.E - 25110 Baume-les-Dames
Imprimé en France - 304728-01/11011435-juin 2010